大学物理先修课教材
热学、光学和近代物理学

主编　钟小平

编委　倪国富　厉守清　徐　刚

中国科学技术大学出版社

内容简介

本书是在高中物理教材的知识体系和能力要求的基础上，结合大学普通物理学的教学要求系统编撰而成的．教材注重大学和中学物理教学衔接与先修课知识能力的阶梯型铺垫，同时构建了比高中物理教材更加系统和丰富的知识结构体系，在物理模型构建和数学工具应用等方面的要求也显著高于高中物理教材，同时比大学普通物理学教材更加简练紧凑．

本书适合对物理学感兴趣的高中优秀学生自学，适合参加强基计划招生的学生作为参考教材，也适合高中物理教师和其他物理教育工作者作为参考用书．

图书在版编目(CIP)数据

大学物理先修课教材：热学、光学和近代物理学/钟小平主编．—合肥：中国科学技术大学出版社，2020.9

ISBN 978-7-312-04798-5

Ⅰ.大… Ⅱ.钟… Ⅲ.物理学—高等学校—教材 Ⅳ.O4

中国版本图书馆 CIP 数据核字(2019)第 240578 号

大学物理先修课教材：热学、光学和近代物理学

DAXUE WULI XIANXIUKE JIAOCAI：REXUE、GUANGXUE HE JINDAI WULIXUE

出版	中国科学技术大学出版社
	安徽省合肥市金寨路 96 号，230026
	http://press.ustc.edu.cn
	https://zgkxjsdxcbs.tmall.com
印刷	安徽省瑞隆印务有限公司
发行	中国科学技术大学出版社
经销	全国新华书店
开本	787 mm×1092 mm　1/16
印张	9.75
字数	249 千
版次	2020 年 9 月第 1 版
印次	2020 年 9 月第 1 次印刷
定价	30.00 元

前　言

中美贸易战的实质是科技战,其核心是人才的竞争.基础性科学研究的突破和创新型工程技术的进展都有赖于大量拔尖创新人才的涌现.在这样的时代背景下,拔尖创新人才的培养日益成为国内重点中学和知名大学共同的研究课题.大学先修课旨在为学有余力的高中生提供多样化课程,为培养和选拔拔尖创新人才提供一条有效途径.

本书由编者在过去几年中指导学生参加全国高中生物理竞赛、大学自主招生选拔考试和浙江"三位一体"综合评价测试中使用的讲义基础上,结合现行高中物理教材和大学普通物理学教材系统编撰而成,在一定程度上前瞻性地为参加强基计划大学测试的学生量身定制.本书编写时注重激发学生的物理学科兴趣和培养学生的理性思维能力,让学生在中学阶段能够提前接触大学的学习方式和思维,逐步养成自主学习的习惯和培养合作研究的能力.

本书第1章和第2章由浙江省柯桥中学倪国富老师编写;第3章由浙江省诸暨市海亮高级中学厉守清老师编写;第4章由浙江省萧山中学徐刚老师编写.他们三位多年从事高中物理竞赛的辅导教学和拔尖创新人才的选拔培养,具有丰富的一线教学经验和深厚的教材研究功底.全书由浙江省杭州第二中学正高级教师、浙江省物理特级教师、国际奥林匹克物理竞赛金牌教练钟小平老师统稿.

由于大学先修课尚处于试验阶段,也由于编者学识和能力有限,书中难免存在错误和疏漏,敬请读者批评指正.

钟小平

2019 年 11 月 12 日

目　　录

第1章 气体动理论

1.1 热力学第零定律 温度 温标

1.1.1 热平衡 热力学第零定律

通常,温度的概念与人体感觉到的物体冷热程度相联系,较热的物体应有较高的温度.不过,我们的感官常常会产生错觉.例如,我们从冰箱的冷藏室中同时取出一盒牛奶和一个金属盘,虽然两者的温度相同,但是根据手上的感觉,我们会认为金属盘更凉一些.这是由于金属比纸盒导热性能好,热量从手传输到金属盘比传输到纸盒快得多.因此,要定量地给出物体的温度,首先应该有温度的严格定义.

如果用石棉板类的绝热材料将两个物体与其他所有物体隔开,并使这两个物体在不发生物质交换和力的相互作用的情况下能够传热.这可以由两物体的直接接触,或通过导热性能良好的金属壁间接接触,或借助热辐射来实现.物体间的这种接触称为**热接触**.实验表明,两个物体通过热接触,热的物体变冷,冷的物体变热,经过一段时间后,两物体的宏观性质不再随时间变化,即达到了一个共同的平衡状态,我们称这两个物体达到了**热平衡**.

如果将两个物体 A 和 B 用绝热材料隔开,使之不发生热接触,并引入第三个物体 C,让物体 C 通过导热材料同时与物体 A 和 B 实现热接触,如图 1.1 所示.经过一段时间后,C 和 A 以及 C 和 B 将分别达到热平衡.这时,如果再使物体 A 和 B 发生热接触,则 A 和 B 的宏观性质都不会随时间变化,表明 A 和 B 也达到了热平衡.由这样的实验可以得出结论:在无外界影响的条件下,如果两个物体各自都与第三个物体达到热平衡,则此两物体也必定处于热平衡.这一结论称为**热力学第零定律**,或**热平衡定律**.

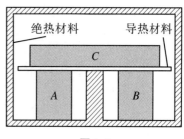

图 1.1

1.1.2 温度 温标

按照热力学第零定律,处于热平衡的物体具有一个共同的宏观性质,因此可以定义这个决定物体热平衡的宏观性质为**温度**,即两个处于热平衡的物体温度相同.这个定义也为温度的测量提供了理论基础.如果处于热接触的两个物体之一就是温度计,那么当达到热平衡时,两者的温度相同,于是由温度计的温度可以给出待测物体的温度.而温度计的温度则是通过它的随温度改变而显著单调变化的某一物理性质来标志的.例如,酒精温度计和水银温度计利用液体体积的热胀冷缩作为测温属性,金属热电偶温度计则利用温差电动势作为测温属性.

温度的数值表示法称为**温标**.通常建立一种温标需要三要素:测温物质、测温属性和固定标准点.在日常生活与科技工作中普遍采用的摄氏温度用 t 表示,单位为摄氏度,符号为℃.**摄氏温标**规定,在标准大气压下,冰水混合物的平衡温度(冰点)为 0 ℃,水沸腾的温度(汽点)为 100 ℃,在 0 ℃和 100 ℃之间按温度计测温物质的测温属性随温度做线性变化来刻度.由于不同测温物质的测温属性随温度的变化不可能都是一致的,因此这样建立的温标的三要素都与测温物质和测温属性的选择有关,故称为经验温标.所以有必要找到一种不依赖于物质属性的温标作为统一标准的温标,我们将在下一节中进一步讨论这一问题.

1.2 气体的状态参量 理想气体状态方程 平衡状态

1.2.1 气体的状态参量

在力学中,物体的运动状态是用物体的位置和速度来描述的.在热学中,气体的状态则要用气体的体积 V、压强 p 和温度 t 等物理量来描述,这几个物理量称为气体的**状态参量**.

由于气体分子做热运动,盛在容器中的气体总是充满整个容器的,所以气体的体积就是容器的容积.在国际单位制中,体积的单位是立方米(m^3).容器中的气体分子不断与容器壁碰撞,大量分子与器壁碰撞的结果是形成一持续的作用力,器壁单位面积所受的正压力称为气体的**压强**,在国际单位制中压强的单位是帕斯卡,简称为帕,符号是 Pa,$1\ Pa = 1\ N/m^2$.通常使用的压强单位还有标准大气压(atm),它与压强的国际单位 Pa 的换算关系如下:

$$1\ atm = 1.013 \times 10^5\ Pa$$

1.2.2 理想气体状态方程 理想气体温标

气体的三条实验定律即玻意耳定律、查理定律和盖·吕萨克定律.

1. 玻意耳定律

在温度 t 不变的情形下,一定量气体的压强 p 和体积 V 的乘积为一常量:

$$pV = C(常量) \tag{1.1}$$

2. 查理定律

在压强 p 不变的情形下,一定量气体的体积 V 随温度 t 呈线性变化:

$$V = V_0(1 + \alpha_V t) \tag{1.2}$$

其中 α_V 为气体的体膨胀系数,V_0 为 0 ℃时气体的体积.

3. 盖·吕萨克定律

在体积 V 不变的情形下,一定量气体的压强 p 随温度 t 呈线性变化:

$$p = p_0(1 + \alpha_p t) \tag{1.3}$$

其中 α_p 为气体的压强系数，p_0 为 0 ℃时气体的压强.

一般的气体在压强不太大(与大气压比较)、温度不太低(与室温比较)时，都服从这三条定律，但不同的气体服从这三条定律的范围不相同. 例如，H_2、O_2 及 He 等气体在较大的压强范围和温度范围都服从这三条定律. 气体越稀薄，气体的状态变化与这三条实验定律的符合程度就越好. 在气体无限稀薄的极限情况下，所有气体的体膨胀系数 α_V 和压强系数 α_p 都趋于共同的极限值 α，其数值为

$$\frac{1}{\alpha} = t_0 = 273.15 \text{ ℃}$$

在这种极限情况下的气体叫做理想气体. 由式(1.2)和式(1.3)可以看出，当温度 $t = -273.15$ ℃时，理想气体的压强 p 和体积 V 都趋于 0. 温度 $t = -273.15$ ℃是可能达到的最低温度的极限，称为绝对零度. 由于实际气体在达到这样低的温度前早就液化或固化了，因此理想气体实际上是不存在的，只是一个理想模型. 但在较高的温度和较低的压强下，一般气体都可当作理想气体来处理.

利用理想气体的性质可以建立**理想气体温标**. 理想气体温标以绝对零度为零点，水、冰和水蒸气三相平衡共存的温度规定为固定标准点温度. 严格地不依赖于任何物质的测温性质的温标是建立在下一章中要讨论的热力学第二定律基础上的**热力学温标**，用该温标确定的温度称为**热力学温度**. 热力学温度是国际单位制的七个基本单位之一. 热力学温度用 T 表示，单位为开尔文，简称为开，符号为 K，定义为水的三相点温度的 $\frac{1}{273.16}$. 这也相当于将水的三相点温度 273.16 K 规定为热力学温标的基本固定温度. 可以证明，在理想气体温标能适用的范围内，理想气体温标与热力学温标是一致的. 热力学温度 T 与摄氏温度 t 的关系为

$$T/\text{K} = t/\text{℃} + 273.15$$

采用热力学温度后，由气体的上述三条实验定律可以导出质量一定的理想气体的 p、V、T 三个状态参量的下列关系：

$$\frac{pV}{T} = C\,(\text{常量})\quad(m \text{ 一定}) \tag{1.4}$$

设 p_0、V_0、T_0 为气体在标准状态下的压强、体积和温度，则上式可写为

$$\frac{pV}{T} = \frac{p_0 V_0}{T_0} \tag{1.5}$$

其中 $p_0 = 1.013 \times 10^5$ Pa，$T_0 = 273.15$ K. 假设气体的质量为 m(以 kg 为单位)，气体的摩尔质量为 M(以 kg/mol 为单位)，则气体的物质的量为 $\frac{m}{M}$. 在标准状态下任何气体的摩尔体积都是 $V_\text{m} = 22.4 \times 10^{-3}$ m³/mol，所以质量为 m 的气体的体积为 $V_0 = \frac{m}{M} V_\text{m}$，代入式(1.5)得

$$\frac{pV}{T} = \frac{m}{M} \frac{p_0 V_\text{m}}{T_0}$$

$\frac{p_0 V_\text{m}}{T_0}$ 为一常量，称为**摩尔气体常量**，用 R 表示，则上式化为

$$pV = \frac{m}{M}RT \tag{1.6}$$

式(1.6)就是**理想气体状态方程**.这是质量为 m 的气体在平衡状态下的三个参量 p、V、T 之间的关系式.当 m 为一定时,如果 p、V、T 中有两个已知,则可求出第三个;如果 m 为未知或是变化的,则 m 为第四个参量.p、V、T、m 这四个参量满足式(1.6),已知其中三个,可求出第四个.

R 的数值与各状态参量所用单位有关.

(1) 在国际单位制中,压强的单位为 Pa,体积的单位为 m^3,温度的单位为 K,则

$$R = \frac{p_0 V_m}{T_0} = \frac{1.013 \times 10^5 \text{ N/m}^2 \times 22.4 \times 10^{-3} \text{ m}^3/\text{mol}}{273.15 \text{ K}} = 8.31 \text{ J/(mol · K)}$$

(2) 在热学中,能量曾用卡为单位,符号为 cal,由于 1 J = 0.239 cal,所以

$$R = 8.31 \text{ J/(mol · K)} \times 0.239 \text{ cal/J} = 2 \text{ cal/(mol · K)}$$

1.2.3　平衡状态　准静态过程

质量一定的气体盛在容器中,具有一定的体积.如果气体各部分的压强相同,温度相同,我们说该气体处于**平衡状态**.实验证明,如果气体和外界没有能量交换,在它内部也没有能量转换(例如没有化学反应或原子核发生变化),则不论气体原来是否处于平衡状态,经过一定时间以后,它一定变为平衡状态,并且长期处于这种状态.当气体处于平衡状态时,它具有一定的压强 p、体积 V 和温度 T,所以质量一定的气体,它的平衡状态可用状态参量 p、V、T 的一组值来表示.例如,(p_1, V_1, T_1) 表示一个状态,(p_2, V_2, T_2) 表示另一个状态.

根据理想气体状态方程式(1.6),三个状态参量 p、V、T 中只要给出其中两个(例如 p、V),第三个(T)就确定了.所以气体的每一平衡状态可以用 p-V 图(在此图中纵坐标为 p,横坐标为 V)上的一个点来表示,如在图 1.2 中的点 $a(p_1, V_1, T_1)$ 和点 $b(p_2, V_2, T_2)$.

如果气体与外界交换能量,它的状态就要发生变化,状态的变化必然要破坏气体原来的平衡状态.通常过程进行得较快,在气体尚未达到新的平衡状态时又发生了下一步的变化,即在过程进行中气体要经历一系列非平衡的中间状态.如果过程进行得足够缓慢,气体所经历的每一中间状态都无限接近于平衡状态,则这个过程称为**准静态过程**.准静态过程可以用 p-V 图上的连续曲线表示.图 1.2 中曲线 ab 即为从状态 a 到状态 b 的一个准静态过程.

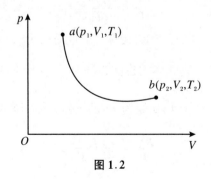

图 1.2

1.3 气体动理论的基本规律

人们从大量的实验事实中总结出如下关于气体动理论的几个基本规律.

1.3.1 一切宏观物体都由大量分子组成 分子间有空隙

从化学中知道,一切宏观物体都是由分子组成的.分子间有空隙的实验根据是:① 一切物体都是可以被压缩的,特别是气体,很容易被压缩;② 水和酒精混合后体积变小;③ 有人曾用 2.026×10^9 Pa 的压强压缩钢筒中的油,结果发现油可以透过筒壁渗出,这说明钢的分子间也有空隙存在.

1.3.2 分子永不停息地做不规则的运动

分子永不停息地运动的实验根据是扩散现象.把两种不同的金属,如铅和金互相压紧,经过几个月以后,在铅中发现有金,在金中发现有铅.这说明固体分子也可以扩散.制造半导体器件时,为了改变半导体材料的物理性能,在半导体中掺入某种杂质,就是利用固体中的扩散现象.

分子的运动是无规则的,布朗运动是一个典型例证.在显微镜下观察悬浮在水面上的藤黄粉末的运动,如果将其中三个颗粒的位置每隔半分钟记录一次,并分别用直线将这些位置逐一连接,便得到如图 1.3 所示的曲折路线.

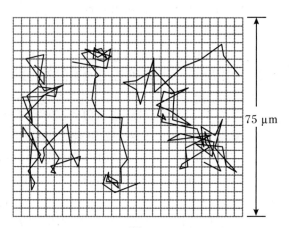

75 μm

图 1.3

实验证明,温度越高,扩散速度越大(即扩散进行得越快);温度越高,布朗运动越剧烈.这说明分子的无规则运动与物体的温度有关,温度越高,分子的运动越剧烈.因此,分子的无规则运动叫做分子的热运动.

1.3.3 分子间有相互作用力

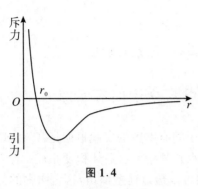

图 1.4

分子间的引力或斥力统称为**分子力**,分子力与分子间的距离有关,其关系如图 1.4 所示,图中横坐标表示分子间的距离 r,纵坐标表示分子力 F,F 为正时表示斥力,F 为负时表示引力.当分子间的距离为 r_0 时($r_0 \approx 10^{-10}$ m),分子间的作用力 $F = 0$.当分子间的距离小于 r_0 时,分子力表现为斥力,并且随分子间的距离的减小,斥力增加得很快.这就是固体和液体难以压缩的原因.当分子间的距离大于 r_0 时,分子力表现为引力.随着分子间的距离的增加,引力先是增大,后来又慢慢减小.当分子间的距离大于 10^{-9} m 时,分子间的作用力就可以忽略不计了,这表明分子间的作用力是短程力.

1.4 气体动理论的压强公式

1.4.1 理想气体的微观模型

在 1.3 节中所讲的基本概念是气体动理论的基础,也是本节推理的基础.但对理想气体来说,还要补充一些假设,根据这些假设推出的结果和理想气体性质符合,所以这些假设称为理想气体的微观模型.这些假设是:

① 气体分子的大小与气体分子间的平均距离相比较要小得多,可以忽略不计.

② 由于气体分子间的平均距离甚大,所以除碰撞的瞬间外,分子间的相互作用力可以忽略不计.

③ 分子间的相互碰撞以及分子与器壁间的碰撞可以看做是完全弹性碰撞.

除分子模型外,还要对气体中分子的运动做出如下统计性假设:对于大量气体分子来说,当气体处于平衡状态时,分子沿各个方向运动的机会是相等的,没有任何一个方向的气体分子的运动比其他方向更为显著,即在任何时刻沿各个方向运动的分子数目相等.如果这个假设不成立,则气体将集中在容器中某部分,这与事实不符.当气体处于平衡状态时,容器中气体的密度到处一样.这个假设的统计意义是气体分子的速度沿各个方向的分量的各种平均值相等,例如 $\overline{v_x^2} = \overline{v_y^2} = \overline{v_z^2}$.

1.4.2 理想气体压强公式的推导

容器中的气体之所以对器壁产生压力,乃是由于大量分子与器壁碰撞.一个分子与器壁碰撞一次即施加一冲量于器壁.对一个分子来说,它每次施加给器壁的冲量有多大,碰撞在什么地方,这些都是偶然的、断续的.但气体中有大量分子,每一时刻都有大量分子与器壁碰撞,大量分子与器壁碰撞的结果就形成一种恒定的、持续的压强.下面我们就从这个观点出发来推导压强公式.

为了方便起见,假设容器是长方体,各边长分别为 l_1、l_2、l_3,容器中有 N 个同类的气体分子,每一个分子的质量为 m.

当气体处于平衡状态时,容器壁各处的压强相同,我们只需要计算其中一个器壁上的压强即可.现在来计算与 x 轴垂直的器壁 A_1 面上的压强.

取气体中一个分子 α 来考虑.首先计算这个分子与 A_1 面每碰撞一次施于 A_1 面的冲量.假设该分子的速度为 v,在 x、y、z 三个方向的分速度分别为 v_x、v_y、v_z(图 1.5).假设器壁是完全光滑的,它只能沿垂直于器壁的方向施力于分子,所以当分子 α 与 A_1 面碰撞时,它受到 A_1 面的作用力垂直于 A_1 面,即沿 x 轴的负方向.由于在 y、z 方向没有受力作用,所以 α 分子的 y、z 方向分速度不改变(牛顿第二定律).又因为分子与器壁的碰撞为完全弹性碰撞,在碰撞前后分子速度的大小不变,所以它的 x 方向分速度由 v_x 变为 $-v_x$(图 1.6).因此,α 分子的动量的改变为 $(-mv_x) - mv_x = -2mv_x$.根据动量定理,动量的改变等于器壁 A_1 面施于 α 分子的冲量,方向为沿 x 轴的负方向.由牛顿第三定律,α 分子施于 A_1 面的冲量等于 $+2mv_x$.

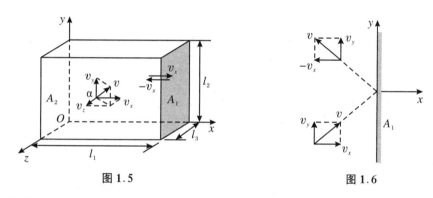

图 1.5　　　　　　　　　　图 1.6

其次计算 1 s 内 α 分子与 A_1 面碰撞的次数.为此,我们考虑 α 分子在 x 轴上的投影的运动,投影的速度为 v_x.因为只有当分子与 A_1 或 A_2 面碰撞时,它的 x 方向分速度才发生改变,而且只改变方向不改变大小,所以它的投影的运动是以不变的速率 v_x 在 A_1 和 A_2 两面之间来回运动,每来回一次 α 分子与 A_1 面碰撞一次,它的投影来回一次所需的时间为 $\frac{2l_1}{v_x}$,1 s 内来回的次数为 $\frac{v_x}{2l_1}$,所以 1 s 内 α 分子与 A_1 面碰撞 $\frac{v_x}{2l_1}$ 次.

根据以上计算结果,在 1 s 内 α 分子施于 A_1 面的冲量为

$$2mv_x \frac{v_x}{2l_1} = \frac{mv_x^2}{l_1} \tag{1.7}$$

如上所述,虽然一个分子与 A_1 面的碰撞以及作用在 A_1 面上的力是间歇的、不连续的,但容器内有大量分子,每一瞬间都有大量分子与 A_1 面碰撞,结果使 A_1 面受到一个连续的、均匀的压力,正如密集的雨点打在雨伞上使我们感到一个均匀的作用力一样.那么,大量分子与 A_1 面碰撞,使 A_1 面受到的压力等于什么呢?根据平均力 $= \frac{冲量}{时间}$,A_1 面所受到的平均力 $\bar{F}$ 的大小应等于 1 s 内容器中所有分子施于 A_1 面的冲量的总和.设 v_{ix} 为第 i 个分子在 x

方向的分速度,根据式(1.7),容器中全部分子在 1 s 内施于 A_1 面的总冲量为 $\sum \dfrac{mv_{ix}^2}{l_1}$,故 A_1 面所受到的平均力为

$$\bar{F} = \sum_{i=1}^{N} \frac{mv_{ix}^2}{l_1} = \frac{m}{l_1}\sum_{i=1}^{N} v_{ix}^2$$

根据压强的定义,A_1 面上的压强为

$$p = \frac{\bar{F}}{l_2 l_3} = \frac{m}{l_1 l_2 l_3}\sum_{i=1}^{N} v_{ix}^2 = \frac{m}{l_1 l_2 l_3}(v_{1x}^2 + v_{2x}^2 + \cdots + v_{Nx}^2) = \frac{Nm}{l_1 l_2 l_3}\frac{v_{1x}^2 + v_{2x}^2 + \cdots + v_{Nx}^2}{N}$$

式中最后的分式是 N 个分子的 x 方向分速度的平方的平均值,可写为 $\overline{v_x^2}$,$l_1 l_2 l_3$ 为气体的体积,$\dfrac{N}{l_1 l_2 l_3}$ 为单位体积内的分子数,用 n 表示,则上式可写为

$$p = nm\overline{v_x^2} \tag{1.8}$$

按照统计性假设,气体分子沿各个方向的分速度的平方的平均值应相等,即

$$\overline{v_x^2} = \overline{v_y^2} = \overline{v_z^2} \tag{1.9}$$

又因

$$v_i^2 = v_{ix}^2 + v_{iy}^2 + v_{iz}^2$$

由此得

$$\frac{\sum v_i^2}{N} = \frac{\sum v_{ix}^2}{N} + \frac{\sum v_{iy}^2}{N} + \frac{\sum v_{iz}^2}{N}$$

即

$$\overline{v^2} = \overline{v_x^2} + \overline{v_y^2} + \overline{v_z^2} \tag{1.10}$$

其中 $\overline{v^2}$ 为 N 个分子的速度的平方的平均值.由式(1.9)、式(1.10)得

$$\overline{v_x^2} = \overline{v_y^2} = \overline{v_z^2} = \frac{1}{3}\overline{v^2} \tag{1.11}$$

代入式(1.8)得

$$p = \frac{1}{3}nm\overline{v^2} \tag{1.12}$$

$$p = \frac{2}{3}n\left(\frac{1}{2}m\overline{v^2}\right) \tag{1.13}$$

式中 $\dfrac{1}{2}m\overline{v^2}$ 是气体分子的平均平动动能.式(1.12)或式(1.13)即为**气体动理论的压强公式**.它是气体动理论的基本公式之一.

1.5 气体分子的平均平动动能与温度的关系

由气体动理论的压强公式和理想气体状态方程可以推出气体分子的平均平动动能与温度的关系.

理想气体状态方程是

$$pV = \frac{m}{M}RT$$

其中 m（以 kg 为单位）为气体的质量，M 为 1 mol 气体的质量. 如果 N 表示气体的分子数，N_A 表示 1 mol 气体的分子数，m'（以 kg 为单位）为一个分子的质量，则 $m = Nm'$，$M = N_A m'$，代入上式得

$$p = \frac{N}{V} \frac{R}{N_A} T \tag{1.14}$$

1 mol 任何气体的分子数都相同，$N_A = 6.022 \times 10^{23}$ mol^{-1}，称为**阿伏伽德罗常量**，R 为摩尔气体常量，所以 $\frac{R}{N_A}$ 亦为一常量，称为**玻尔兹曼常量**，用 k 表示：

$$k = \frac{R}{N_A} = \frac{8.31 \text{ J/(mol} \cdot \text{K)}}{6.022 \times 10^{23} \text{ mol}^{-1}} = 1.38 \times 10^{-23} \text{ J/K}$$

式(1.14)中 $\frac{N}{V} = n$ 为单位体积内的分子数（分子数密度），因此式(1.14)可写为

$$p = nkT \tag{1.15}$$

压强公式(1.13)是

$$p = \frac{2}{3} n \left(\frac{1}{2} m \overline{v^2} \right)$$

与式(1.15)比较，得

$$\frac{1}{2} m \overline{v^2} = \frac{3}{2} kT \tag{1.16}$$

式(1.16)是宏观量温度 T 与微观量的平均值 $\frac{1}{2} m \overline{v^2}$ 之间的关系式，称为**气体动理论的能量公式**. 它和压强公式一样，也是气体动理论的基本公式之一. 这个式子说明温度的统计意义及其微观本质. 从这个式子看出，气体的温度仅与 $\frac{1}{2} m \overline{v^2}$ 有关，而且与 $\frac{1}{2} m \overline{v^2}$ 成正比. 如果有两种气体，它们的温度相同，那么它们的分子的平均平动动能就相等；如果甲气体的温度高于乙气体的温度，那么甲气体分子的平均平动动能比乙气体分子的平均平动动能大. 气体的温度越高，气体分子的平均平动动能就越大. 气体分子的平均平动动能越大，气体分子的热运动就越剧烈. 所以气体的温度是气体分子的平均平动动能的量度，也是表征大量气体分子的热运动的剧烈程度的物理量. 另一方面，气体分子的平均平动动能 $\frac{1}{2} m \overline{v^2}$ 是统计平均量，只有当气体分子的数目很大时，才有确定的值，所以也只有当气体分子的数目很大时，温度才有意义. 对于个别分子来说，温度是没有意义的.

例 1　在标准状态下，气体分子的平均平动动能有多大？ 1 m^3 气体中有多少个气体分子？ 这些分子的平均平动动能的总和是多少？

解　(1) 由气体分子的平均平动动能与温度的关系式，得

$$\frac{1}{2} m \overline{v^2} = \frac{3}{2} kT = \frac{3}{2} \times 1.38 \times 10^{-23} \times 273 \text{ J} = 5.65 \times 10^{-21} \text{ J}$$

(2) 由式(1.15)得 1 m^3 气体的分子数为

$$n = \frac{p}{kT} = \frac{1.013 \times 10^5}{1.38 \times 10^{-23} \times 273} \text{ m}^{-3} = 2.69 \times 10^{25} \text{ m}^{-3}$$

(3) n 个分子的平均平动动能总和为

$$n \left(\frac{1}{2} m \overline{v^2} \right) = \frac{p}{kT} \cdot \frac{3}{2} kT = \frac{3}{2} p = \frac{3}{2} \times 1.013 \times 10^5 \text{ J/m}^3 = 1.52 \times 10^5 \text{ J/m}^3$$

1.6 能量按自由度均分原则 理想气体的内能

1.6.1 自由度

前面已经计算过气体分子的平均平动动能.实际上,分子的运动除平动外,还有转动和振动,例如,双原子分子可以绕其质心转动,而且每一个原子又可以在它的平衡位置附近做振动,所以分子除平动动能外,还有转动动能和振动动能.为了计算分子各种运动的动能,必须引入自由度这个概念.

1. 刚体的自由度

一般情况下,刚体的运动除平动外还有转动.在分析处理时,可以将其分解为质心的平

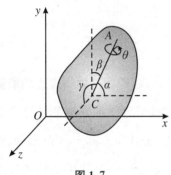

图 1.7

动和绕通过质心的轴的转动.如图 1.7 所示,设 C 为刚体的质心,CA 为通过质心而固定在刚体中的一条轴线,θ 为刚体相对于某一起始位置绕轴线 CA 转过的角度,显然刚体的位置由质心 C 的位置、CA 的方位和角度 θ 确定.以 O 为原点建立坐标系 $Oxyz$,令 α、β、γ 分别为 CA 与三个坐标方向 Ox、Oy、Oz 的夹角.则 C 点的位置由三个坐标 x、y、z 确定,CA 的方位由三个方向角 α、β、γ 确定,但它们之间有一关系:$\cos^2\alpha + \cos^2\beta + \cos^2\gamma = 1$.所以这三个角度中只有两个是独立的.我们取 α、β 为独立的,则 CA 的方位由 α、β 两个角度确定.于是,刚体的位置总共由六个独立坐标 x、y、z、α、β、θ 确定.因此,刚体有六个自由度,其中三个是平动自由度,三个是转动自由度.为了说明这一结论,假定 α、β 及 θ 不变,即整个刚体将与质心一起做平动.在平动过程中,刚体的位置由质心的三个坐标 x、y、z 确定,所以刚体有三个平动自由度,分别对应于坐标 x、y、z.假定 x、y、z 不变,即质心 C 为静止,刚体只能相对于质心做转动,即轴线 CA 绕质心 C 的转动以及刚体绕轴线 CA 的转动.在转动过程中,刚体的位置由三个坐标 α、β、θ 确定,所以刚体有三个转动自由度,分别对应于坐标 α、β、θ.

2. 气体分子的自由度

气体分子可以在容器内的空间中自由地运动,所以一个气体分子有三个平动自由度,至于转动自由度是多少要由分子的结构来确定.单原子分子可以看做一个质点,也就是说可以不考虑其转动,所以只有三个平动自由度.双原子分子如果是刚性的,即两个原子的相对位置保持不变,则确定其质心的位置需要三个独立坐标.两个原子视为质点,确定两质点间连线的方位需要两个独立坐标,即需要三个平动自由度和两个转动自由度,所以刚性双原子分子有五个自由度.三原子或多原子分子如果可以看成刚体,它就有六个自由度.

实际上,双原子或多原子分子都不是刚体,组成分子的原子之间的距离要发生变化,在原子间的作用力支配下,原子在分子内部要发生振动.因此,除平动自由度和转动自由度外,还有振动自由度.例如,对于非刚性双原子分子,还需要一个坐标确定两质点间的相对位置,

即要增加一个振动自由度,所以就有六个自由度.

1.6.2　能量按自由度均分原则

在 1.5 节中已证明过理想气体分子的平均平动动能为

$$\frac{1}{2} m \overline{v^2} = \frac{3}{2} kT$$

分子有三个平动自由度,与此对应,分子的平均平动动能可写为三个平方项的平均值之和,由于 $\overline{v^2} = \overline{v_x^2} + \overline{v_y^2} + \overline{v_z^2}$,所以我们有

$$\frac{1}{2} m \overline{v^2} = \frac{1}{2} m \overline{v_x^2} + \frac{1}{2} m \overline{v_y^2} + \frac{1}{2} m \overline{v_z^2}$$

其中 $\frac{1}{2} m \overline{v_x^2}$、$\frac{1}{2} m \overline{v_y^2}$、$\frac{1}{2} m \overline{v_z^2}$ 分别为气体分子沿 x、y、z 方向运动的平均平动动能,也就是对应于坐标 x、y、z 的平动自由度的平均动能.根据统计性假设,当气体处于平衡态时,气体分子的速度沿各个方向的分量的平方的平均值相等,即

$$\overline{v_x^2} = \overline{v_y^2} = \overline{v_z^2} = \frac{1}{3} \overline{v^2}$$

所以

$$\frac{1}{2} m \overline{v_x^2} = \frac{1}{2} m \overline{v_y^2} = \frac{1}{2} m \overline{v_z^2} = \frac{1}{3} \left(\frac{1}{2} m \overline{v^2} \right) = \frac{1}{2} kT$$

此式表示每一平动自由度具有相同的平均动能,其大小为 $\frac{1}{2} kT$.这就是说,气体分子的平均平动动能 $\frac{3}{2} kT$ 是均匀地分配在每一平动自由度上的.

这个结论是对平动来说的,但可以推广到转动和振动.经典统计力学证明:对于处在温度为 T 的热平衡态下的物质系统(固体、液体、气体),分子的每一个自由度都具有相同的平均动能,其大小为 $\frac{1}{2} kT$.分子能量按这样分配的原则称为**能量按自由度均分原则**.

根据这一原则,如果气体分子有 i 个自由度,则气体分子的平均总动能为 $\frac{i}{2} kT$.

气体分子实际的运动自由度与温度有关.例如,H_2 分子在低温时只可能有平动,在室温下可能有平动和转动,只在高温时才可能有平动、转动和振动.又如,Cl_2 分子在室温时已可能有平动、转动和振动.

1.6.3　气体的内能　理想气体的内能

气体分子除了各种运动的动能,还具有相互作用的势能.因为分子间有相互作用力,当分子间的距离改变时,分子力就做功,所以分子具有势能.气体中所有分子的动能与势能的总和称为气体的内能.气体的内能是气体内部的能量,应与气体的机械能区别开来.气体的机械能是气体作为一个整体而运动时所具有的动能与势能之和.静止在地面上的气体的机械能可以等于零(如果选定气体所在位置为重力势能的零点的话),但它的内能不等于零.因为在气体内部分子仍然在不停地做无规则的运动,并且分子间的相互作用力仍然在作用(虽

然气体作为一个整体是静止的),所以气体的内能永远不等于零.

对理想气体来说,分子间的相互作用力可以忽略不计,所以理想气体分子没有相互作用的势能.因此理想气体的内能就是所有分子的各种运动动能的总和.假设分子有 i 个自由度,则分子的平均总动能为 $\frac{i}{2}kT$.而 1 mol 理想气体有 N_A 个分子,所以 1 mol 理想气体的内能是

$$E_0 = N_A\left(\frac{i}{2}kT\right) = \frac{i}{2}RT$$

而质量为 m(摩尔质量为 M)的理想气体的内能是

$$E = \frac{m}{M}\frac{i}{2}RT \tag{1.17}$$

由上式看出,物质的量一定的理想气体的内能完全取决于分子运动的自由度和气体的温度,与气体的体积和压强无关.对给定的气体来说(m、i、M 都一定),它的内能完全取决于它的温度,是温度的单值函数.在任何变化过程中,只要温度变化量相同,内能的变化量就相等,与过程无关.

对实际气体来说,由于分子间的相互作用力不能忽略,除分子的各种运动的动能外,还有分子间的势能,这种势能与分子间的距离有关,也就是与气体的体积有关.所以实际气体的内能是气体的温度 T 和体积 V 的函数.

1.7 麦克斯韦速率分布律

1.7.1 速率分布概念

在气体中分子速度的大小很不一致,它可以小到零,也可以非常大.运动的方向也很不一致,可以取所有可能的方向,气体分子沿各个方向运动的机会是均等的.而且由于分子间互相碰撞,分子又与器壁碰撞,每个分子的速度无论大小或方向都在不断地变化.因此,对于某一分子来说,在某一时刻,它的速率是多大,沿什么方向运动,完全是偶然的,没有什么规律.但是对于大量分子的整体来说,在一定条件下,它们的速率分布却遵从着一定的统计规律.我们现在来说明这个问题.

图 1.8(a)是一种观测分子速率分布规律的实验装置的示意图.整个装置放在高真空的容器中,保持在一种恒温状态.待测的金属蒸气从分子源 V 中射出,通过两个狭缝 A、B 后到达带缝的圆筒 D.进入圆筒的分子因速率不同而散射开,并随着圆筒 D 的转动最终沉积在圆筒壁上不同的位置,如图 1.8(b) 所示.测量沉积在圆筒内壁上的金属分子层的厚度,就可以确定分子按速率分布的规律.

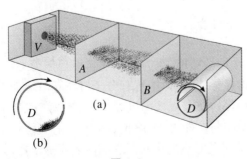

图 1.8

假设把分子的速率按其大小分为若干相等的区间,例如,0～100 m/s 为第一区间,100～200 m/s 为第二区间,200～300 m/s 为第三区间,等等.理论和实验都证明,当气体处于平衡态时,在一定温度下,分布在不同区间内的分子数是不相同的,但分布在各区间内的分子数占总分子数的百分比基本上是确定的.表 1.1 说明了这个问题,该表是氧气分子在 0 ℃时的速率分布情况表.从表 1.1 看出,分布在各速率区间内的分子数占总分子数的百分比是确定的,速率在 200～600 m/s 之间的分子占 73.6%,可见大多数分子的速率都在这个范围内.

表 1.1　氧气分子在 0 ℃时的速率分布情况

速率区间	分子数的百分比	速率区间	分子数的百分比
100 m/s 以下	1.4%	400～500 m/s	20.6%
100～200 m/s	8.1%	500～600 m/s	15.1%
200～300 m/s	16.5%	600～700 m/s	9.2%
300～400 m/s	21.4%	700 m/s 以上	7.7%

1.7.2　麦克斯韦速率分布律

为了描述分子速率分布规律,我们引入速率分布函数概念.设有一定量气体,总共有 N 个分子,速率在 $v\sim v+\Delta v$ 范围的分子数为 ΔN,则 $\dfrac{\Delta N}{N}$ 为速率在此区间内的分子数占总分子数的百分比.因为 $\dfrac{\Delta N}{N}$ 越大,气体中某一分子的速率在 $v\sim v+\Delta v$ 范围的可能性或机会就越大,所以 $\dfrac{\Delta N}{N}$ 称为气体分子速率在这个区间内的概率.根据实验结果,$\dfrac{\Delta N}{N}$ 与 v 及 Δv 有关,当 Δv 足够小时,可以认为 $\dfrac{\Delta N}{N}$ 与 Δv 成比例;当 Δv 一定时,$\dfrac{\Delta N}{N}$ 与 v 的一个函数 $f(v)$ 成比例,可写为

$$\frac{\Delta N}{N} = f(v)\Delta v \tag{1.18}$$

函数 $f(v)=\dfrac{\Delta N}{N\Delta v}$ 为分布在速率 v 附近单位速率区间内的分子数占总分子数的百分比,也就是气体分子速率在 v 值附近单位速率区间内的概率,称为**速率分布函数**.

麦克斯韦等人从理论上证明,气体在平衡态下,当气体分子间的相互作用可以忽略时,分布在足够小的速率区间 $v\sim v+\Delta v$ 内的分子数的百分比为

$$\frac{\Delta N}{N} = 4\pi \left(\frac{m}{2\pi kT}\right)^{\frac{3}{2}} \mathrm{e}^{-\frac{mv^2}{2kT}} v^2 \Delta v = f(v)\Delta v \tag{1.19}$$

即速率分布函数为

$$f(v) = 4\pi \left(\frac{m}{2\pi kT}\right)^{\frac{3}{2}} \mathrm{e}^{-\frac{mv^2}{2kT}} v^2 \tag{1.20}$$

当 $\Delta v \rightarrow 0$ 时,Δv 要用 $\mathrm{d}v$ 表示,ΔN 要用 $\mathrm{d}N$ 表示,而式(1.18)应写为

$$\frac{\mathrm{d}N}{N} = f(v)\mathrm{d}v \tag{1.21}$$

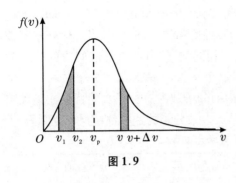

图 1.9

由此得速率在区间 $v \sim v + \mathrm{d}v$ 内的分子数为 $\mathrm{d}N = Nf(v)\mathrm{d}v$.

式 (1.20) 中 T 是气体的热力学温度，m 为每个分子的质量，k 为玻尔兹曼常量，该式称为**麦克斯韦速率分布律**.

函数 $f(v)$ 与 v 的关系可用曲线表示，如图 1.9，称为麦克斯韦速率分布曲线. 在速率区间 $v \sim v + \Delta v$ 内曲线下的窄条面积为

$$f(v)\Delta v = \frac{\Delta N}{N \Delta v}\Delta v = \frac{\Delta N}{N}$$

即是说，这个面积等于分布在区间 $v \sim v + \Delta v$ 内的分子数的百分比. 与此类似，在速率区间 $v_1 \sim v_2$ 内曲线下的面积等于分布在此区间内的分子数的百分比. 曲线下的总面积等于分布在 $0 \sim \infty$ 区间内的分子数的百分比，因为全部分子都分布在 $0 \sim \infty$ 区间内，这个百分比应等于 1，而曲线下的总面积为 $\int_0^\infty f(v)\mathrm{d}v$，故得

$$\int_0^\infty f(v)\mathrm{d}v = 1 \qquad\qquad (1.22)$$

这是速率分布函数所必须满足的条件，称为**速率分布函数的归一化条件**.

从速率分布曲线还可以看出，在速率区间大小相同的情况下，速率很大或速率很小的分子所占的百分比都很小，具有中等速率的分子所占的百分比较大，可见速率很大或速率很小的分子为数很少，具有中等速率的分子为数较多.

由式 (1.20) 得知 $f(v)$ 与温度 T 有关，因此速率分布曲线亦与 T 有关. 图 1.10 中画出在两个不同温度下的速率分布曲线. 由图看出，当温度增加时，分布曲线的最高点向速率增大的方向移动，速率较小的分子数减少，而速率较大的分子数则有所增加（图中分别给出了低速率和高速率的两个同等宽度速率区间，由曲线下的窄条面积可以明显看出不同温度的分子数百分比的差异）. 但由于曲线下

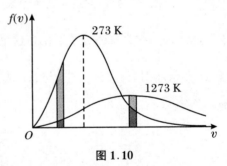

图 1.10

的总面积不变，因此分布曲线在宽度增大的同时，高度降低，整个曲线将变得平坦些.

1.7.3 三种速率

1. 最概然速率 v_p

从速率分布曲线看出，$f(v)$ 有一极大值，与 $f(v)$ 的极大值对应的速率叫做**最概然速率**，用 v_p 表示（图 1.9）. v_p 的物理意义是：把气体分子的速率按其大小分成许多宽度相等的区间，则在一定温度下分布在 v_p 所在区间的分子数占的百分比最大. 由 $\dfrac{\mathrm{d}f(v)}{\mathrm{d}v} = 0$ 或 $\dfrac{\mathrm{d}\ln f(v)}{\mathrm{d}v} = 0$，可求得

$$v_\mathrm{p} = \sqrt{\frac{2kT}{m}} = \sqrt{\frac{2RT}{M}} = 1.41\sqrt{\frac{RT}{M}}$$

2. 方均根速率

设一定量气体中有 N_1 个分子速率为 v_1，有 N_2 个分子速率为 v_2……有 N_n 个分子速率为 v_n，气体中分子总数为 $N = N_1 + N_2 + \cdots + N_n$，方均根速率等于气体中的所有分子的速率的平方的平均值的平方根，用 $\sqrt{\overline{v^2}}$ 表示，则

$$\sqrt{\overline{v^2}} = \sqrt{\frac{N_1 v_1^2 + N_2 v_2^2 + \cdots + N_n v_n^2}{N}} = \sqrt{\frac{\sum_{i=1}^{n} N_i v_i^2}{N}} \tag{1.23}$$

由于当 $\Delta v \to 0$ 时，速率在区间 $v \sim v + \mathrm{d}v$ 内的分子数为 $\mathrm{d}N = Nf(v)\mathrm{d}v$，可以认为这些分子的速率都是 v，因此上式中的 $N_i v_i^2$ 应表示为 $v^2 \mathrm{d}N = Nf(v)v^2 \mathrm{d}v$. 又因为 $f(v)$ 是连续函数，上式中的求和须用积分表示，得

$$\overline{v^2} = \frac{\int v^2 \mathrm{d}N}{N} = \int_0^{\infty} f(v)v^2 \mathrm{d}v \tag{1.24}$$

将式(1.20)代入，计算积分便可求出 $\overline{v^2}$ 的值，所得结果与由能量基本公式得出的相同.

由能量基本公式 $\frac{1}{2}m\overline{v^2} = \frac{3}{2}kT$ 得

$$\sqrt{\overline{v^2}} = \sqrt{\frac{3kT}{m}} = \sqrt{\frac{3RT}{M}} = 1.73\sqrt{\frac{RT}{M}}$$

3. 平均速率 $\overline{v}$

气体中所有分子的速率的算术平均值称为分子的平均速率，通常用 $\overline{v}$ 表示，即

$$\overline{v} = \frac{N_1 v_1 + N_2 v_2 + \cdots + N_n v_n}{N} = \frac{\sum_{i=1}^{n} N_i v_i}{N} \tag{1.25}$$

当 $\Delta v \to 0$ 时，$N_i v_i$ 应表示为 $v \mathrm{d}N = Nf(v)v \mathrm{d}v$. 又因为 $f(v)$ 是连续函数，上式中的求和须用积分表示，得

$$\overline{v} = \frac{\int v \mathrm{d}N}{N} = \int_0^{\infty} f(v)v \mathrm{d}v \tag{1.26}$$

将式(1.20)代入并计算积分便可求出 $\overline{v}$ 的值.

可以证明，当气体处于平衡状态时，分子的平均速率为

$$\overline{v} = \sqrt{\frac{8kT}{\pi m}} = \sqrt{\frac{8RT}{\pi M}} = 1.60\sqrt{\frac{RT}{M}}$$

由以上结果可知，在三种速率中 $\sqrt{\overline{v^2}}$ 最大，其次是 $\overline{v}$，最小的是 v_p.

例1 试用麦克斯韦速率分布律计算 0 ℃时速率在 $300 \sim 310$ m/s 区间内的氧分子的分子数的百分比.

解 由题意 $v = 300$ m/s，$\Delta v = 10$ m/s，由麦克斯韦速率分布律

$$\frac{\Delta N}{N} = 4\pi \left(\frac{m}{2\pi kT}\right)^{\frac{3}{2}} \mathrm{e}^{-\frac{mv^2}{2kT}} v^2 \Delta v$$

又

$$v_p^2 = \frac{2kT}{m}$$

所以

$$\frac{\Delta N}{N} = \frac{4}{\sqrt{\pi}} \left(\frac{v}{v_{\mathrm{p}}}\right)^2 \mathrm{e}^{-\left(\frac{v}{v_{\mathrm{p}}}\right)^2} \frac{\Delta v}{v_{\mathrm{p}}}$$

0 ℃时，

$$v_{\mathrm{p}} = \sqrt{\frac{2RT}{M}} = \sqrt{\frac{2 \times 8.31 \times 273}{32 \times 10^{-3}}} \ \mathrm{m/s} = 377 \ \mathrm{m/s}$$

代入得

$$\frac{\Delta N}{N} = \frac{4}{\sqrt{\pi}} \times \left(\frac{300}{377}\right)^2 \times \mathrm{e}^{-\left(\frac{300}{377}\right)^2} \times \frac{10}{377} = 0.020 = 2.0\%$$

*1.8   玻尔兹曼分布律

麦克斯韦速率分布律是关于理想气体在平衡状态时，在没有外力作用下分子速率分布的规律.在此定律中只考虑分子速度的大小，不考虑分子速度的方向.玻尔兹曼分布律是关于理想气体在平衡状态时，在外力场(例如重力场)作用下分子速度分布的规律.在此定律中既要考虑分子速度的大小，又要考虑分子速度的方向，还要考虑外力场的作用.

当理想气体处在保守力场中时，每个分子除动能 E_{k} 外还具有势能 E_{p}.气体分子的总能量 $E = E_{\mathrm{k}} + E_{\mathrm{p}}$.分子速度 v 的大小可用 v 的三个分量 v_x、v_y、v_z 来确定.一般情形中气体分子的势能是位置坐标 x、y、z 的函数，故分子的总能量可写为

$$E = E_{\mathrm{k}} + E_{\mathrm{p}} = \frac{1}{2}m(v_x^2 + v_y^2 + v_z^2) + E_{\mathrm{p}}(x,y,z)$$

玻尔兹曼从理论上证明：当理想气体在外力场中处于平衡状态时，分子速度介于 $v_x \sim v_x + \mathrm{d}v_x$、$v_y \sim v_y + \mathrm{d}v_y$、$v_z \sim v_z + \mathrm{d}v_z$ 之间，位置坐标介于 $x \sim x + \mathrm{d}x$、$y \sim y + \mathrm{d}y$、$z \sim z + \mathrm{d}z$ 之间的分子数为

$$\mathrm{d}N = C\mathrm{e}^{-(E_{\mathrm{k}}+E_{\mathrm{p}})/(kT)}\mathrm{d}v_x\mathrm{d}v_y\mathrm{d}v_z\mathrm{d}x\mathrm{d}y\mathrm{d}z \tag{1.27}$$

其中 C 为一常量，与速度及位置无关.式(1.27)称为**玻尔兹曼分布律**，$\mathrm{d}v_x\mathrm{d}v_y\mathrm{d}v_z\mathrm{d}x\mathrm{d}y\mathrm{d}z$ 叫做状态区间.式(1.27)表示在一个状态区间内的分子数与该区间内分子的总能量 E 有关，且与 $\mathrm{e}^{-E/(kT)}$ 成正比.可以看出，在相同的状态区间内，如果总能量 $E_1 < E_2$，则有 $\mathrm{d}N_1 > \mathrm{d}N_2$，即表明分子总是首先占据低能量状态.

将式(1.27)对所有速度分量求积分，可得体积元 $\mathrm{d}x\mathrm{d}y\mathrm{d}z$ 中具有各种速度的分子总数为

$$\mathrm{d}N' = C\mathrm{e}^{-E_{\mathrm{p}}/(kT)}\mathrm{d}x\mathrm{d}y\mathrm{d}z \iiint \mathrm{e}^{-E_{\mathrm{k}}/(kT)}\mathrm{d}v_x\mathrm{d}v_y\mathrm{d}v_z$$

由于上式中的定积分是一常量，其值可与 C 合并为另一常量 C'，故得

$$\mathrm{d}N' = C'\mathrm{e}^{-E_{\mathrm{p}}/(kT)}\mathrm{d}x\mathrm{d}y\mathrm{d}z$$

由此得体积元 $\mathrm{d}x\mathrm{d}y\mathrm{d}z$ 中单位体积内的分子数，即分子数密度为

$$n = \frac{\mathrm{d}N'}{\mathrm{d}x\mathrm{d}y\mathrm{d}z} = C'\mathrm{e}^{-E_{\mathrm{p}}/(kT)} \tag{1.28}$$

令 n_0 表示在 $E_{\mathrm{p}} = 0$ 处的分子数密度，则由上式得

$$n_0 = C'$$

于是式(1.28)可写为

$$n = n_0 \mathrm{e}^{-E_\mathrm{p}/(kT)} \tag{1.29}$$

式(1.29)是分子数密度按势能分布公式.

例如,当理想气体处于重力场中时,设竖直向上方向为 y 轴正向,并取 $y = 0$ 处的势能为零,则分子势能 $E_\mathrm{p} = mgy$,代入式(1.29),得**分子数密度按高度分布公式**:

$$n = n_0 \mathrm{e}^{-mgy/(kT)} \tag{1.30}$$

玻尔兹曼分布律不仅适用于理想气体,对于处在任何保守力场中的微粒系统,只要粒子间的相互作用可以忽略,该定律都适用.式(1.30)表明,在重力场中空气分子的数密度随高度增加按指数规律减小.而且还说明了分子质量越大,随高度衰减得越迅速.氢分子比其他气体分子质量小,所以数密度随高度衰减较慢,高空中氢的相对含量就比地面附近的高.

由前面导出的压强公式

$$p = nkT$$

可知,气体压强与分子数密度成正比.将式(1.30)代入上式得

$$p = n_0 kT \mathrm{e}^{-mgy/(kT)} = p_0 \mathrm{e}^{-mgy/(kT)} \tag{1.31}$$

式(1.31)是**等温气压公式**,表明在温度相同的情况下,大气压强随高度按指数规律减小.对式(1.31)取对数后,得

$$y = \frac{kT}{mg} \ln \frac{p}{p_0} = \frac{RT}{Mg} \ln \frac{p}{p_0} \tag{1.32}$$

在登山或航空过程中,可以根据上式由测定大气压强估算出所上升的高度.

1.9　分子的平均自由程和平均碰撞次数

从 1.6 节的讨论知道,气体分子运动的速率很大,例如,在 0 ℃ 时氧气中大多数分子的速率都在 $200 \sim 600$ m/s 之间,即在 1 s 内气体分子要走几百米.但在距离我们几米远处打开酒精瓶,却要经过几分钟时间才闻到酒精的气味.为什么分子运动的速率这么大,而走几米远的路程却要几分钟的时间呢?这是因为气体分子从一处移至另一处时要不断与其他分子碰撞,每碰撞一次,其运动方向改变一次,所以每一分子从一处到另一处所走的路线不是直线而是折线.例如图

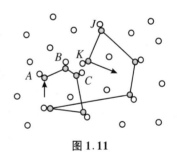

图 1.11

1.11 中灰色的分子从 A 到 K 所走的路线是折线 $ABC \cdots K$.虽然从 A 到 K 的直线距离(相当于酒精瓶与我们之间的距离)不长,但因折线 $ABC \cdots K$ 很长,所以需要较长的时间.

分子连续两次碰撞之间所走的路程称为**自由程**.某一分子的某一自由程的长短完全是偶然的,但是在足够长的时间内气体中大量分子的自由程的平均值却是一定的.分子的自由程的平均值称为分子的**平均自由程**.每个分子平均在单位时间内与其他分子碰撞的次数称为分子的**平均碰撞次数**.设 $\bar{\lambda}$ 表示平均自由程,$\bar{Z}$ 表示平均碰撞次数.它们之间有如下关系:

$$\bar{Z}\bar{\lambda} = \bar{v} \tag{1.33}$$

其中 $\bar{v}$ 为气体分子的平均速率.因为 $\bar{Z}$ 等于单位时间内分子平均所走的折线的段数,$\bar{\lambda}$ 为

平均每一段的长度,所以 $\bar{Z}\lambda$ 为单位时间内平均所走的路程,即平均速率 $\bar{v}$.

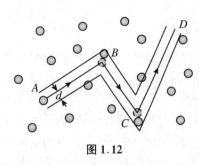

图 1.12

现在我们来推求分子的平均碰撞次数 $\bar{Z}$ 的公式.气体分子在碰撞时并不直接接触.当两个分子互相逼近至距离小于某一数值时,分子间的斥力变得很大,使它们互相分开,这就是气体分子的碰撞过程.作为初步研究,我们假设气体分子是弹性小球,分子间的碰撞是弹性球的碰撞.分子间最小距离的平均值就是弹性球的有效直径 d.我们又假设只有一个分子以平均速率 $\bar{v}$ 运动,其他分子都是静止不动的.由于运动分子与其他分子碰撞,运动分子的球心的轨道是一条如图 1.12 所示的折线 $ABCD$.从图 1.12 中看出,凡是球心与折线的距离小于 d 的其他分子都将和运动的分子发生碰撞.以 1 s 内球心所经过的轨道为轴、d 为半径作一圆柱体,由于圆柱体的长度数值上等于 $\bar{v}$,所以圆柱体的体积为 $\pi d^2 \bar{v}$.凡是球心在这一圆柱内的其他分子都将在 1 s 内和运动分子碰撞.设气体中单位体积的分子数(即分子数密度)为 n,则圆柱体内的分子数为 $\pi d^2 \bar{v} n$,显然这就是分子在 1 s 内和其他分子碰撞的平均碰撞次数,即

$$\bar{Z} = \pi d^2 \bar{v} n \tag{1.34}$$

上面在推导式(1.34)时,我们假设只有一个分子是运动的,其他分子都是静止的.实际上一切分子都在运动,因此式(1.34)必须加以修正,修正后得到分子的平均碰撞次数为

$$\bar{Z} = \sqrt{2}\pi d^2 \bar{v} n \tag{1.35}$$

合并式(1.33)及式(1.35),得分子的平均自由程为

$$\bar{\lambda} = \frac{\bar{v}}{\bar{Z}} = \frac{1}{\sqrt{2}\pi d^2 n} \tag{1.36}$$

这说明平均自由程与分子的有效直径的平方 d^2 及分子数密度 n 成反比,而与平均速率无关.

因为 $p = nkT$,式(1.36)可写为

$$\bar{\lambda} = \frac{kT}{\sqrt{2}\pi d^2 p} \tag{1.37}$$

这说明当温度恒定时,平均自由程与压强 p 成反比.

表 1.2 列出几种气体在标准状态下分子的平均自由程 $\bar{\lambda}$ 和有效直径 d,表 1.3 列出 0 ℃时在不同压强下空气分子的平均自由程.

表 1.2 在标准状态下几种气体的 $\bar{\lambda}$ 和 d

气体	$\bar{\lambda}/\text{m}$	d/m
H_2	1.123×10^{-7}	2.3×10^{-10}
N_2	0.599×10^{-7}	3.1×10^{-10}
O_2	0.647×10^{-7}	2.9×10^{-10}
空气	7×10^{-8}	—

表 1.3　0 ℃时不同压强下空气分子的 $\bar{\lambda}$

p/Pa	$\bar{\lambda}/\text{m}$
1.013×10^5	7×10^{-8}
1.333×10^2	5×10^{-5}
1.333	5×10^{-3}
1.333×10^{-2}	5×10^{-1}
1.333×10^{-4}	50

从表 1.3 看出,当 $p=1.333\times10^{-4}$ Pa 时,$\bar{\lambda}=50$ m,即一个分子平均要走 50 m 才和其他分子碰撞一次.

在标准状态下,$\bar{v}\approx10^2$ m/s,$\bar{\lambda}\approx10^{-7}$ m,所以平均碰撞次数 $\bar{Z}=\dfrac{\bar{v}}{\bar{\lambda}}\approx10^9\,\text{s}^{-1}$,即在 1 s 内一个分子平均要和其他分子碰撞十几亿次.

*1.10　实际气体的范德瓦耳斯方程

上面讲过,理想气体完全服从三条气体实验定律,也就是完全服从理想气体状态方程,但实际气体则不完全服从理想气体状态方程,只有当压强不太大、温度不太低时才近似地服从这个方程.我们知道,在压强不太大、温度不太低的情况下,气体分子间的平均距离很大,分子的大小(即分子本身的体积)以及分子间的作用力可以忽略不计,这相当于理想气体模型.对于实际气体来说,在一般情况下,分子本身的体积以及分子间的作用力不能忽略不计.范德瓦耳斯考虑了分子本身的体积和分子间的作用力这两个因素,对理想气体状态方程作了修正.经过修正后得到的方程比较能反映实际气体的性质.

下面说明分子本身的体积及分子间的作用力为什么不能被忽略,从而修改理想气体状态方程.

首先考虑分子本身的体积.假设气体分子是球形的,它的半径的数量级为 10^{-10} m,所以分子本身的体积约为

$$V_1=\frac{4}{3}\pi r^3=4.2\times10^{-30}\ \text{m}^3$$

1 mol 气体的分子数是 6.022×10^{23},所以 1 mol 气体分子本身的总体积是

$$V_1=6.022\times10^{23}\times4.2\times10^{-30}\ \text{m}^3=2.5\times10^{-6}\ \text{m}^3$$

在标准状态下,1 mol 气体的体积是 22.4×10^{-3} m³.气体分子本身的体积 V_1 约等于气体体积的万分之一,故可以忽略不计.但如果气体的压强很大,比方说等于 5.065×10^8 Pa,又假设这时玻意耳定律仍然适用,则 1 mol 气体的体积将为

$$V=\frac{22.4\times10^{-3}\times1.013\times10^5}{5.065\times10^8}\ \text{m}^3=4.48\times10^{-6}\ \text{m}^3$$

这时气体分子本身的体积 V_1 已超过气体的体积 V 的一半了,如果不考虑分子本身的体积,显然是不对的.

已知 1 mol 理想气体的状态方程为

$$pV = RT \tag{1.38}$$

此处 V 应理解为气体分子可以自由活动的空间. 对理想气体来说, 因为分子的大小可以忽略, 所以 V 就是容器的容积. 但对实际气体来说, 因为分子本身有体积, 分子可以自由活动的空间不是容器的容积, 而应该比容器的容积小. 假设 V 表示容器的容积, 可以自由活动的空间不是 V 而是 $V - b$, 其中 b 为一正数, 与分子本身的体积有关, 用 $V - b$ 来代替 V, 式 (1.38) 化为

$$p(V - b) = RT \tag{1.39}$$

修正量 b 的数值可用实验方法测定, 约等于 1 mol 气体分子本身体积的四倍.

式 (1.39) 中的 p 是分子间的作用力可以被忽略时的压强, 但对实际气体来说, 分子间的作用力不能被忽略. 现在考虑分子间的作用力. 首先说明分子间作用力的性质. 在 1.3 节中讲过, 分子间作用力可以为斥力或引力. 当分子间的距离小时, 分子间的作用力表现为斥力; 当分子间的距离大时, 表现为引力, 但这引力随距离的增加而很快地趋近于零. 假设分子间引力趋近于零时分子间的距离为 r, 以某一个分子为中心, r 为半径作球面. 凡对此分子有作用力的其他分子都在此球内, 这个球面叫做分子作用圈, r 叫做分子作用半径.

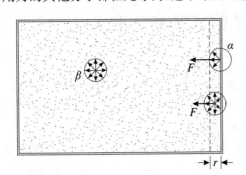

图 1.13

现在研究分子间的引力对气体压强的影响. 在气体内部的分子和靠近器壁的分子处在不同的状态. 例如, 在气体内部取一分子 β (图 1.13), 在这个分子的作用圈内, 其他分子对称地分布, 所以其他分子对分子 β 的引力互相抵消. 因此在气体内部的一个分子的运动就和分子间没有作用力的情形相同. 但对于靠近器壁的分子 (例如 α 分子) 来说, 情况就不同了, 这个分子的作用圈有一部分在气体内, 有一部分在气体外, 在气体外的这一部分没有气体分子, 所以其他分子对分子 α 的引力不能互相抵消, 这些引力的合力是一个向气体内部的力 F. 在靠近器壁处取一薄层气体, 厚度等于分子作用半径 r, 这一层叫做表面层. 根据上面的讨论, 在这一层内的每一个分子都受到向气体内部的引力作用. 一个分子在和器壁碰撞之前, 一定要经过这一层. 当它进入这一层的时候, 它就受到一个向内的引力作用, 这个力是阻碍它的运动的, 因而它的速度就要减小. 因此当这个分子和器壁碰撞时, 它施给器壁的冲量就要减小. 于是由于气体分子间有引力, 气体施于器壁的压强就要减小. 假设分子间没有引力, 则根据式 (1.39), 气体的压强应该是

$$p = \frac{RT}{V - b} \tag{1.40}$$

但实际气体的分子间有引力, 所以根据上面的讨论, 实际气体施于器壁的压强要比式 (1.40) 给出的数值小些, 即应该是

$$p = \frac{RT}{V - b} - p_i \tag{1.41}$$

p_i 是实际气体的表面层单位面积上气体分子所受的向内引力, p_i 叫做**内压强**.

如上所述, 内压强 p_i 是气体的表面层单位面积上所受的向内引力. 显然, 这个引力一方

面与表面层单位面积上被吸引的分子数成正比,另一方面又与内部吸引的分子数成正比,而这两个分子数都是与容器中单位体积的分子数 n 成正比的,因此 p_i 与 n^2 成正比.但 1 mol 气体的总分子数是一定的,所以单位体积的分子数 n 与气体的体积 V 成反比,故得

$$p_i \propto n^2 \propto \frac{1}{V^2}$$

或

$$p_i = \frac{a}{V^2}$$

其中 a 为比例系数,代入式(1.41)并移项,得

$$\left(p + \frac{a}{V^2} \right)(V - b) = RT \tag{1.42}$$

式(1.42)称为**范德瓦耳斯方程**.从该式看出,当 V 甚大,即压强不太大或温度很高时,方程中的修正项 $\frac{a}{V^2}$ 及 b 可以忽略,在此情形下范德瓦耳斯方程化为理想气体状态方程.式(1.42)中 a、b 都是 1 mol 气体的常量,须用实验方法测定.例如,氢气(H_2)的 $a = 2.48 \times 10^4$ Pa·L^2/mol^2,$b = 2.67 \times 10^{-2}$ L/mol,氮气(N_2)的 $a = 8.39 \times 10^4$ Pa·L^2/mol^2,$b = 3.05 \times 10^{-2}$ L/mol.

式(1.42)只适用于 1 mol 的实际气体.如果气体质量为 m,摩尔质量为 M,则在同一温度和同一压强之下,气体的体积 $V' = \frac{M}{m}V$,此处 V 是 1 mol 气体的体积,由此得 $V = \frac{m}{M}V'$,代入式(1.42),便得到适用于质量为 m 的气体的范德瓦耳斯方程:

$$\left(p + \frac{m^2}{M^2} \frac{a}{V'^2} \right)\left(V' - \frac{m}{M}b \right) = \frac{m}{M}RT \tag{1.43}$$

如果仍用 V 表示容器的容积,则 $'$ 号可省略.

现在从实验结果来比较理想气体状态方程和范德瓦耳斯方程两者在反映实际气体性质方面的准确度,理想气体状态方程是

$$pV = \frac{m}{M}RT \tag{1.44}$$

假设在 0 ℃时氮气的压强为 1.013×10^5 Pa,容积为 1 L,如果保持温度不变,而变更压强和体积,则式(1.43)和式(1.44)右端不变,因此左端也应不变.现在看实验结果是否如此.当压强由 1.013×10^5 Pa 增至 1.013×10^8 Pa 时,测定在每一压强下氮的体积,并分别代入式(1.43)、式(1.44)两式的左端,则得到表 1.4.

表 1.4　范德瓦耳斯方程和理想气体状态方程准确度的比较

$p/(1.013 \times 10^5$ Pa)	$pV/(1.013 \times 10^5$ Pa·L)	$\left(p + \frac{m^2}{M^2} \frac{a}{V^2} \right)\left(V - \frac{m}{M}b \right)/(1.013 \times 10^5$ Pa·L)
1	1.0000	1.000
100	0.9941	1.001
200	1.0483	1.009
500	1.3900	1.012
1000	2.0685	0.980

从表 1.4 可以看出：当 $p = 1.013 \times 10^8$ Pa 时，用范德瓦耳斯方程计算，误差约为 2.0%. 若用理想气体状态方程来计算，误差已超过 100% 了. 当然范氏方程仍然是近似的，但比理想气体状态方程已前进一步了.

习　题

1. 在一个密闭容器内盛有少量水，处于平衡状态. 已知水在 14 ℃ 时的饱和蒸气压为 12.0 mmHg. 设水蒸气分子碰到水面后，都能进入水内. 设饱和水蒸气可看做理想气体，试问在 100 ℃ 和 14 ℃，单位时间内通过单位面积水面蒸发成为水蒸气的分子数比 $n_{100} : n_{14}$ 为多大？（取两位有效数字）

2. 如图 1.14 所示，容器 A 通过一个小孔与周围空间相连，周围空间气体的温度为 T、压强为 p_0，容器内外气体极为稀薄，以至于气体分子在容器内以及从容器孔中飞越时彼此之间互不碰撞，容器内的温度保持为 $4T$，问容器中气体的压强为多少？

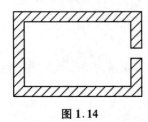

图 1.14

3. 半径为 R 的球形容器内盛有某种理想气体，已知分子数密度为 n，每个分子质量为 m，分子速率平方的平均值为 $\overline{v^2} = \dfrac{v_1^2 + v_2^2 + \cdots + v_N^2}{N} = \sum_{i=1}^{N} \dfrac{v_i^2}{N}$，问：（1）分子运动时对器壁产生的压强 p 为多少？（2）分子的平均动能 $\overline{E}_k$ 等于多少？

4. 压强为 p_0、温度为 T_0（K）的空气（设气体分子质量为 m，每个分子热运动平均动能为 $\dfrac{5}{2} kT_0$）以速度 v_0 流过一横截面积为 S 的粗细相同的光滑导管，导管中有一个对气流的阻力可忽略的金属丝网，它被输出功率为 P 的电源加热，因而气流变热. 达稳定状态后空气在导管末端流出时的速度为 v_1，如图 1.15 所示，试求出气体流出导管时的温度 T_1 及空气受到的推力 F.

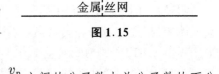

图 1.15

5. 计算气体分子热运动速率介于 $v_p - \dfrac{v_p}{100}$ 和 $v_p + \dfrac{v_p}{100}$ 之间的分子数占总分子数的百分比（v_p 为最概然速率）.

6. 利用麦克斯韦速度分布率，求单位时间内碰撞到容器内表面单位面积上的气体分子数.

7. 利用卡诺理可以证明，任何物质的内能 u 和状态参量 (p, V, T) 之间有关系式

$$\left(\frac{\partial u}{\partial V} \right)_T = T \left(\frac{\partial p}{\partial T} \right)_V - p$$

试根据上式证明 1 mol 范德瓦尔斯气体的内能表示式是

$$u_2 = u_1 + C_V (T_2 - T_1) + a \left(\frac{1}{V_1} - \frac{1}{V_2} \right)$$

设定容摩尔热容量 C_V 是常数.

8. 试证明 1 mol 范德瓦尔斯气体在绝热过程中状态变化遵从方程

$$\left(p + \frac{a}{V^2}\right)(V - b)^{\frac{C_V + R}{C_V}} = 常数$$

习 题 解 答

1. 在密闭容器内少量水的上方为饱和水蒸气,且处于动态平衡,所以为了计算由水蒸发为水蒸气的分子数,只需计算由水蒸气进入水面的分子数即可. 从统计观点看,在 Δt 时间内通过 ΔS 水面面积能进入水面的水蒸气分子数正比于以 $\bar{v} \cdot \Delta t$ 为长度、ΔS 为底面积的柱体内的水蒸气分子数 ΔN,显然 ΔN 与 $\bar{v} \cdot \Delta t \cdot \Delta S$ 及水蒸气数密度 n_0 有关. 由题设,水蒸气为理想气体,故 n_0 与 p、T 的关系可知,于是可知 ΔN 与 p、T 的关系,从而可得出 n_{100} 与 n_{14} 之比.

$$\Delta N = A n_0 \bar{v} \cdot \Delta t \cdot \Delta S$$

式中 A 为比例常数. 于是单位时间内通过单位水面面积的水蒸气分子数为

$$n = \frac{\Delta N}{\Delta t \cdot \Delta S} = A n_0 \bar{v} = A \cdot B n_0 \sqrt{T}$$

式中 $B = \dfrac{\bar{v}}{\sqrt{T}}$ 也为比例常数,而 $n_0 = \dfrac{p}{kT}$,故

$$n = AB \cdot \frac{p}{k\sqrt{T}}$$

在 100 ℃ 即 $T = 373$ K 时,饱和水蒸气的压强为 $p_{100} = 760$ mmHg,在 14 ℃ 即 $T = 287$ K 时,$p_{14} = 12.0$ mmHg,代入上式,得

$$n_{100} : n_{14} = \frac{p_{100}}{\sqrt{373}} : \frac{p_{14}}{\sqrt{287}} = 56 : 1$$

2. 设容器内气体压强为 p_1,分子数密度为 n_1,分子平均速率为 $\bar{v}_1$;外部气体分子数密度为 n_2,分子平均速率为 $\bar{v}_2$,则由阿伏伽德罗定律得

$$p_1 = n_1 k \cdot 4T$$
$$p_0 = n_2 k \cdot T$$

在气体处于平衡状态时,在相等时间内,从容器小孔飞出与飞入的分子数应相等. 同时,因气体分子沿三个相互垂直的方向运动的概率是相等的,即容器内沿垂直于小孔截面方向向外运动的分子数占容器内分子数总数的 $\dfrac{1}{6}$,所以有

$$\frac{1}{6} n_1 \bar{v}_1 \Delta t \Delta S = \frac{1}{6} n_2 \bar{v}_2 \Delta t \Delta S$$

即得

$$\frac{n_1}{n_2} = \frac{\bar{v}_2}{\bar{v}_1}$$

气体分子热运动的方均根速率由下式决定:

$$\frac{1}{2} m \overline{v^2} = \frac{3}{2} kT$$

分子热运动平均速率 $\overline{v} \propto \sqrt{\overline{v^2}}$,引入比例系数 β 后,有

$$\overline{v_1} = \beta \sqrt{\frac{12kT}{m}}, \quad \overline{v_2} = \beta \sqrt{\frac{3kT}{m}}$$

即得

$$\frac{\overline{v_1}}{\overline{v_2}} = \frac{2}{1}$$

因此

$$p_1 = 2p_0$$

注 利用麦克斯韦速率分布律可以求得分子的平均速率(大量分子速率的算术平均值)为 $\overline{v} = \sqrt{\dfrac{8kT}{\pi m}} = \sqrt{\dfrac{8RT}{\pi \mu}}$;气体分子方均根速率为 $\sqrt{\overline{v^2}} = \sqrt{\dfrac{3kT}{m}} = \sqrt{\dfrac{3RT}{\mu}}$.在计算分子运动的平均距离时,要用到平均速率;在计算分子的平均动能时,要用到方均根速率.

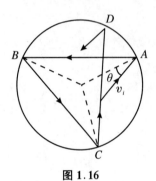

图 1.16

3. 如图 1.16 所示,某分子碰撞器壁的速率为 v_i,其方向与法线成 θ 角,由于是完全弹性碰撞,所以 v_i 以及每次碰撞时的入射角、反射角均不变.

(1) 分子每与器壁碰撞一次,动量改变量为 $-2mv_i\cos\theta$,每一秒内,该分子与器壁碰撞次数为 $\dfrac{v_i}{2R\cos\theta}$,每一秒内分子对器壁的冲量为

$$2mv_i\cos\theta \cdot \frac{v_i}{2R\cos\theta} = m\frac{v_i^2}{R}$$

设分子总数为 N,则每秒内器壁所受总冲量为

$$F = m\frac{v_1^2}{R} + m\frac{v_2^2}{R} + \cdots + m\frac{v_i^2}{R} + \cdots + m\frac{v_N^2}{R}$$

$$= \sum_{i=1}^{N} m\frac{v_i^2}{R} = \frac{m}{R}\sum_{i=1}^{N} v_i^2$$

而

$$p = \frac{F}{4\pi R^2} = \frac{1}{3} \times \frac{N}{\frac{4}{3}\pi R^3} m \sum_{i=1}^{N} \frac{v_i^2}{N} = \frac{1}{3} nm \overline{v^2}$$

以上变换中用到分子数密度,为 $n = \dfrac{N}{\frac{4}{3}\pi R^3}$,$\displaystyle\sum_{i=1}^{N} \frac{v_i^2}{N} = \overline{v^2}$.

(2) 因为

$$p = \frac{N}{V} \cdot \frac{R}{N_A} T = n \cdot \frac{R}{N_A} T = \frac{1}{3} nm \overline{v^2}$$

所以

$$E_k = \frac{1}{2} m \overline{v^2} = \frac{3RT}{2N_A}$$

4. 由题意,显然在相同时间内从导管进入的空气分子总数同从导管流出的空气分子总

数相等.同时达到稳定状态后,单位时间内流进气体的总的平均能量(由热运动平均动能和定向机械运动动能组成)加上热功率应等于单位时间内流出气体的平均总能量.

设在导管入口及出口处空气分子的数密度分别为 n_0、n_1,则

$$n_0 v_0 = n_1 v_1$$

在此时间内,根据能量守恒关系有

$$n_0 v_0 \Delta t S\left(\frac{1}{2}mv_0^2 + \frac{5}{2}kT_0\right) + P\Delta t = n_1 v_1 \Delta t S\left(\frac{1}{2}mv_1^2 + \frac{5}{2}kT_1\right)$$

另外,由于导管光滑,金属丝网对气流的阻力可以忽略,故可认为气体在导管中流动时的压强是不变的.由于金属丝加热,温度升高,气体膨胀,致使气体向外流动的定向运动速度增加,流出气体的总动量比流入气体的总动量要大,因而存在一个推力 F(这是由金属丝网加热而施予的).根据动量定理得

$$F\Delta t = n_0 v_0 \Delta t S m(v_1 - v_0)$$

对入口处的气体,利用阿伏伽德罗定律有

$$p_0 = n_0 kT_0$$

联立以上各方程,可解得

$$T_1 = \frac{1}{5k}\left[\frac{2PkT_0}{p_0 v_0 S} - m(v_1^2 - v_0^2)\right] + T_0$$

$$F = \frac{p_0}{kT_0}v_0 S m(v_1 - v_0)$$

5. 令 $x = \dfrac{v}{v_p}$,麦克斯韦速率分布函数可写作

$$\frac{\Delta N}{N} = \frac{4}{\sqrt{\pi}}x^2 e^{-x^2}\Delta x$$

当 $v = v_p - \dfrac{v_p}{100} = 0.99v_p$ 时,$x = 0.99$;当 $v = v_p + \dfrac{v_p}{100} = 1.01v_p$ 时,$x = 1.01$,则 $\Delta x = 0.02$.因此速率在 $0.99v_p \sim 1.01v_p$ 之间的分子数占总分子数的百分比为

$$\frac{\Delta N}{N} = \frac{4}{\sqrt{\pi}}(0.99)^2 e^{-(0.99)^2}\times 0.02 = 1.6\%$$

6. 取直角坐标系 xyz,为简便起见,考虑垂直于 x 轴的器壁上的一小块面积 dA,则单位体积内速度分量 v_x 在 $v_x \sim v_x + dv_x$ 之间的分子数为 $nf(v_x)dv_x$,在所有 v_x 介于 $v_x \sim v_x + dv_x$ 之间的分子中,在 dt 时间内能与 dA 相碰的分子只有位于以 dA 为底、以 $v_x dt$ 为高的柱体内那一部分分子,其数目为 $nf(v_x)dv_x \cdot v_x dt \cdot dA$,因此每秒碰到单位面积器壁上、速度分量 v_x 在 $v_x \sim v_x + dv_x$ 之间的分子数为

$$\frac{nf(v_x)dv_x \cdot v_x dt \cdot dA}{dt dA} = nf(v_x)dv_x \cdot v_x$$

显然,$v_x < 0$ 的分子不会与 dA 相碰,所以将上式从 0 到 ∞ 对 v_x 积分,即求得每秒碰到单位面积上的气体分子总数为

$$\int_0^\infty nv_x f(v_x)dv_x = \int_0^\infty nv_x\left(\frac{m}{2\pi kT}\right)^{\frac{1}{2}}e^{-\frac{mv_x^2}{2kT}}dv_x$$

$$= n\left(\frac{m}{2\pi kT}\right)^{\frac{1}{2}}\left(-\frac{1}{2}\frac{2kT}{m}\right)\int_0^\infty e^{-\frac{mv_x^2}{2kT}}d\left(-\frac{mv_x^2}{2kT}\right)$$

$$= n \left(\frac{m}{2\pi kT}\right)^{\frac{1}{2}} \left(-\frac{kT}{m}\right)(-1)$$

$$= \frac{1}{4} n \left(\frac{8kT}{\pi m}\right)^{\frac{1}{2}}$$

$$= \frac{1}{4} n \bar{v}$$

7. 因为热力学系统的内能 u 是状态参量(p,V,T)的函数,其中只有两个参量是独立的,这里取 $u = u(T,V)$,则

$$\mathrm{d}u = \left(\frac{\partial u}{\partial T}\right)_V \mathrm{d}T + \left(\frac{\partial u}{\partial V}\right)_T \mathrm{d}V \qquad ①$$

把题给关系$\left(\frac{\partial u}{\partial V}\right)_T$代入上式,并注意到 $C_V = \left(\frac{\partial u}{\partial T}\right)_V$,则

$$\mathrm{d}u = C_V \mathrm{d}T + \left[T\left(\frac{\partial p}{\partial T}\right)_V - p\right]\mathrm{d}V \qquad ②$$

再由范德瓦尔斯方程得 $p = \frac{RT}{V-b} - \frac{a}{V^2}$,则

$$\left(\frac{\partial p}{\partial T}\right)_V = \frac{R}{V-b}$$

代入式②,得

$$\mathrm{d}u = C_V \mathrm{d}T + \frac{a}{V^2}\mathrm{d}V \qquad ③$$

对式③积分,得

$$u_2 = u_1 + C_V(T_2 - T_1) + a\left(\frac{1}{V_1} - \frac{1}{V_2}\right)$$

8. 在绝热过程中 $\mathrm{d}Q = 0$,所以 $\mathrm{d}A = -\mathrm{d}u$,把第 7 题中的 $\mathrm{d}u$ 表示式代入,即得

$$p\mathrm{d}V = -C_V \mathrm{d}T - \frac{a}{V^2}\mathrm{d}V$$

移项得

$$\left(p + \frac{a}{V^2}\right)\mathrm{d}V + C_V \mathrm{d}T = 0$$

将范德瓦尔斯方程 $p + \frac{a}{V^2} = \frac{RT}{V-b}$ 代入上式,得

$$\frac{\mathrm{d}V}{V-b} + \frac{C_V}{R}\frac{\mathrm{d}T}{T} = 0$$

对两边积分,得

$$\ln(V-b) + \frac{C_V}{R}\ln T = C' \quad \text{或} \quad T(V-b)^{\frac{R}{C_V}} = C$$

其中 C、C' 为常量.再利用范德瓦尔斯方程解出 $T = \frac{1}{R}\left(p + \frac{a}{V^2}\right)(V-b)$,代入上式得

$$\left(p + \frac{a}{V^2}\right)(V-b)^{\frac{C_V + R}{C_V}} = \text{常数}$$

第 2 章 热 力 学

热力学不涉及物质的微观结构,它以实验定律为基础,从能量观点出发,研究热现象的宏观规律,所以它属于宏观理论.热力学具有高度的普遍性和可靠性.统计物理学与热力学的研究方法虽然不同,但它们彼此联系,互相补充,使我们对现象的认识更加全面,更加深入,都是研究热现象的不可缺少的理论.

2.1 功 内能 热量

2.1.1 功

在热力学中,通常把所研究的物体(气体、液体或固体)称为热力学系统,简称**系统**,而把与系统发生作用的环境称为**外界**.

我们假设系统的状态变化过程进行得无限缓慢,使系统所经历的每一中间状态无限地接近于平衡状态,也就是每一中间状态有确定的状态参量,这种过程就是准静态过程.在本章中所要讨论的过程均设为准静态过程.

取封闭在气缸中的质量一定的气体为研究对象.气缸活塞的面积为 S,如图 2.1(a)所示.当气体的压强为 p 时,气体作用于活塞的力为 $F = pS$.令气体做准静态膨胀,现在来研究气体在这一膨胀过程中所做的功.

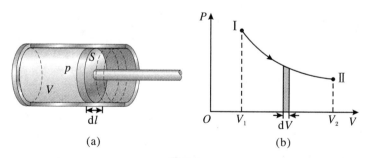

(a) (b)

图 2.1

当活塞移动一个微小距离 $\mathrm{d}l$ 时,气体体积的增量为 $\mathrm{d}V = S\mathrm{d}l$,气体所做的功为

$$\mathrm{d}W = F\mathrm{d}l = pS\mathrm{d}l = p\mathrm{d}V$$

由于这是气体在体积发生无限小变化期间所做的功,称为**元功**.如果气体膨胀,$\mathrm{d}V > 0$,$\mathrm{d}W$ 为正,表示系统对外界做功;如果气体被压缩,$\mathrm{d}V < 0$,$\mathrm{d}W$ 为负,表示外界对系统做功.当气

体由体积为 V_1 的状态Ⅰ变到体积为 V_2 的状态Ⅱ时,其状态变化过程(准静态过程)可用 pV 图上一光滑曲线表示,如图 2.1(b)所示.元功 $p\mathrm{d}V$ 可用此图上有阴影的窄条面积表示.气体从状态Ⅰ变到状态Ⅱ所做的总功等于曲线下面所有这样的窄条面积的总和,即面积ⅠⅡV_2V_1Ⅰ,用积分表示则为

$$W = \int_{V_1}^{V_2} p\mathrm{d}V \tag{2.1}$$

显然这个功与过程曲线的形状有关,也就是与过程有关.即使初末状态相同,只要过程路径不同,整个过程中气体所做的功就不相同.所以气体所做的功不仅与气体的初末状态有关,而且还与气体所经历的过程有关.功是一个过程量,不是状态量.

2.1.2 系统的内能

为了精确地测定热运动与机械运动之间的转化关系,焦耳在从 1840 年开始的 20 多年期间里反复进行了大量的实验.实验中,工作物质(水或气体)盛在不传热的量热器中,以致没有热量传递给系统,这样的过程称为**绝热过程**.例如,图 2.2(a)中,重物下降带动量热器中的叶轮搅拌,使水温升高,通过机械功使系统内能的状态发生改变.图 2.2(b)中,将水与电阻丝视为一个系统,重物下降驱动发电机,发电机产生的电流通过电阻丝,使水温升高,即电功使系统的状态发生改变.焦耳通过大量的实验发现,在绝热过程中,无论用什么方式做功,使系统升高一定的温度所做功的数量是相等的,即在绝热过程中外界对系统所做的功仅与系统的初末状态有关,与过程无关.由于功是能量变化的量度,在热力学中定义系统**内能 E** 的增量等于绝热过程中外界对系统所做的功:

$$\Delta E = E_2 - E_1 = W_{绝热}$$

系统的内能和系统的机械能一样,完全取决于系统的状态,是系统状态的单值函数,即是它的状态参量的单值函数.

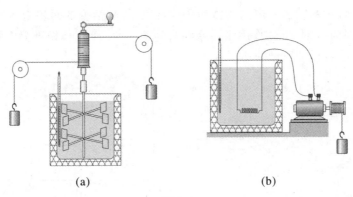

(a)　　　　　　　　　(b)

图 2.2

系统的内能包括物体内部大量分子的无规则运动(平动、转动及振动)的动能和分子间相互作用的势能.例如,对给定的理想气体来说,其内能 $E = \dfrac{m}{M}\dfrac{i}{2}RT$ 是温度 T 的单值函数.对实际气体来说,由于分子间的相互作用力不能忽略,除了分子的各种运动的动能以外,还有分子间的势能,这势能与分子间的距离有关,也就是与气体的体积有关,所以实际气体的内能是气体的温度 T 及体积 V 的函数:

$$E = E(T, V)$$

如果用统计物理学方法来研究系统的内能,就要计算分子的动能和势能,为此就要知道系统是由什么样的分子组成、分子间的相互作用力以及分子有哪几种运动等.但除了理想气体之外,这个要求是很难满足的.所以用统计物理学的方法来研究系统的内能是有困难的.我们用热力学方法来研究系统的内能,并以统计物理学中建立的内能概念为基础,从能量观点出发来研究系统的内能与被传递的热量和所做的功之间的关系,可以不需要知道系统的微观结构.

2.1.3 热量 热与功的等效性

前面已经说明,对系统做功可以使系统的状态(如温度)发生变化,并改变系统的内能.经验表明,当系统与外界之间存在温度差时,外界与系统发生热传递也可以使系统的状态发生变化,改变系统的内能.例如,把一杯冷水与高温物体接触,这时高温物体传热给水,水的温度逐渐升高,内能增加.在图 2.2(b) 中,如果将量热器中的水视为一个系统,电流通过电阻丝发热并传递给水,水温升高,内能增加.所以向系统传热也是向系统传递能量,传热和做功都是传递能量的方式,传热和做功是等效的.

热力学中定义**热量**为在不做功的传热过程中系统内能变化的量度.当系统在一个不做功的传热过程中内能由 E_1 改变为 E_2 时,系统从外界所吸收的热量为 Q,则

$$Q = \Delta E = E_2 - E_1$$

上式表明,热量与功和能量的单位完全相同,在国际单位制中都是焦耳.

焦耳曾经用实验证明:如果分别用传热和做功的方式使系统的温度升高,则当系统升高的温度相同时,所传递的热量和所做的功总有一定的比例关系.过去,习惯上热量用卡(cal)为单位,功用焦耳(J)为单位.根据焦耳的实验结果,向系统传递 1 cal 的热量使它升高的温度与对它做 4.18 J 的功使它升高的温度相同.这两单位的关系为

$$1 \text{ cal} = 4.18 \text{ J}$$

2.2 热力学第一定律

根据上一节的讨论,做功和传递热量是等效的,都是能量传递的方式.如果能量、功和热量都用相同的单位,则根据能量守恒定律,当对系统做功时,系统的能量的增加等于所做的功;当向系统传递热量时,系统的能量的增加等于所传递的热量.在实际过程中,做功和传递热量往往是同时进行的.设外界对系统做功 W',同时又向系统传递热量 Q,使系统从平衡状态 1 变到平衡状态 2,则系统的内能的增量等于两者之和,即

$$\Delta E = E_2 - E_1 = W' + Q \tag{2.2}$$

其中 E_2 和 E_1 分别为系统在平衡状态 1 和平衡状态 2 的内能.

在生产技术上往往要研究的是系统吸热对外做功的过程.设 W 表示系统对外界所做的功,则 $W' = -W$,上式可改写为

$$Q = E_2 - E_1 + W \tag{2.3}$$

这就是**热力学第一定律**的数学表达式.它表示:系统从外界吸取的热量,一部分用于增加系统的内能,另一部分用于对外做功.显然热力学第一定律就是包括热现象在内的能量守恒定律.由于内能的改变与过程无关,而所做的功与过程有关,所以系统吸取的热量与系统所经历的过程有关.

在式(2.3)中,Q、$E_2 - E_1$ 及 W 各量可以是正值,也可以是负值,一般规定系统从外界吸热时,Q 为正,向外界放热时,Q 为负;系统对外界做功时,W 为正,外界对系统做功时,W 为负;系统的内能增加时,$E_2 - E_1$ 为正,内能减少时,$E_2 - E_1$ 为负.Q、$E_2 - E_1$ 及 W 各量要用同一种单位,在国际单位制中,统一用焦耳为单位.

对于微小的状态变化过程,热力学第一定律可写为

$$dQ = dE + dW \tag{2.4}$$

历史上曾有不少人企图制造一种循环动作的机器,使系统经历状态变化后又回到原来的状态,在这过程中不需要外界供给能量而可以不断地对外做功,这种机器叫做第一类永动机.这种企图经过多次尝试都失败了.这些尝试的失败导致了热力学第一定律的建立.反过来,我们从热力学第一定律也可以证明第一类永动机是不可能造成的.因为这种机器做功后又回到原来状态,内能不改变,即 $E_2 - E_1 = 0$,根据热力学第一定律有 $Q = W$,亦即系统所做的功等于供给它的热量或其他形式的等值的能量,不供给系统能量却要它不断地对外做功是不可能的.

在热功转换过程中,虽然热量可以转变为功,功也可以转变为热量,但热量和功的转换不是直接的,而是通过热力学系统来完成的.例如,向系统传递热量的直接结果是增加系统的内能,再由内能的减少系统对外界做功,外界对系统做功的直接结果也是增加系统的内能,再由内能的减少系统向外界传递热量.如果脱离系统,就无法实现功与热量之间的转换,但为了叙述简便起见,通常就说"热转变为功"或"功转变为热".

现在我们进一步研究图 2.1 中气体从状态 Ⅰ 变到状态 Ⅱ 所经历的过程.式(2.1)给出了在这一过程中系统所做的总功为

$$W = \int_{V_1}^{V_2} p\,dV$$

将上式代入式(2.3),得气体在从状态 Ⅰ 变到状态 Ⅱ 的过程中从外界吸取的热量为

$$Q = E_2 - E_1 + \int_{V_1}^{V_2} p\,dV \tag{2.5}$$

在一微小的气体状态变化过程中,热力学第一定律式(2.4)又可写为

$$dQ = dE + p\,dV \tag{2.6}$$

2.3 热力学第一定律对理想气体等容、等压和等温过程的应用

本节将根据上一章中给出的理想气体状态方程及理想气体的内能公式,应用热力学第一定律分别计算理想气体在等容、等压和等温过程中所做的功、内能的变化及吸收的热量,所得结果将在下面 2.4 节和 2.6 节中用到.

2.3.1 等容过程

气体的等容过程的特征是气体的体积保持不变,即 V 为常量,$dV=0$.

设气体被封闭在一气缸中,气缸的活塞保持固定不动(图 2.3(a)).为了实现准静态的等容过程,必须有一系列温度一个比一个高但相差极微的热源,令气缸依次与这一系列热源接触,与每一热源接触时要等到气体达到平衡状态后再令其与另一温度次高的热源接触.这样,气体的温度逐渐升高,压强亦逐渐增大,但体积保持不变,这样的过程就是**等容过程**.在 pV 图上可用一平行于 p 轴的直线表示,如图 2.3(b)所示,此直线称为**等容线**.

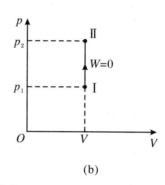

图 2.3

在等容过程中,因气体的体积保持不变,所以气体不做功,$dW=pdV=0$,$W=0$(图 2.3(b)).由热力学第一定律得在一微小等容过程中

$$(dQ)_V = dE \tag{2.7}$$

对于一有限等容过程,当气体从状态 I(p_1,V,T_1)变到状态 II(p_2,V,T_2)时,根据热力学第一定律,考虑到理想气体的内能公式 $E=\frac{m}{M}\frac{i}{2}RT$,得

$$Q_V = E_2 - E_1 = \frac{m}{M}\frac{i}{2}R(T_2-T_1) \tag{2.8}$$

下标 V 表示体积保持不变.上式表示在等容过程中,气体没有对外做功,外界供给的热量全部用于增加系统的内能.

2.3.2 等压过程

气体的等压过程的特征是气体的压强保持不变,即 p 为常量,$dp=0$.

设气体被封闭在一气缸中,气缸的活塞上放置砝码并保持不变(图 2.4(a)).令气缸与一系列温度一个比一个高但相差极微的热源接触,气体的温度便逐渐升高,体积也逐渐增大,但压强保持不变,这样的过程就是**等压过程**.在 pV 图上,可用平行于 V 轴的直线表示,如图 2.4(b)所示,此直线称为**等压线**.

根据理想气体状态方程

$$pV = \frac{m}{M}RT$$

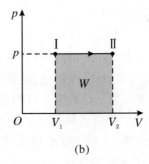

(a)   (b)

图 2.4

在一微小变化过程中 $dp = 0$，气体所做的功为

$$dW = pdV = \frac{m}{M}RdT$$

根据热力学第一定律，气体吸收的热量为

$$(dQ)_p = dE + pdV = dE + \frac{m}{M}RdT \qquad (2.9)$$

在一有限过程中，当气体从状态 I(p, V_1, T_1) 变到状态 II(p, V_2, T_2) 时，有

$$W_p = \int_{V_1}^{V_2} pdV = p(V_2 - V_1) = \frac{m}{M}R(T_2 - T_1) \qquad (2.10)$$

$$Q_p = E_2 - E_1 + p(V_2 - V_1) \qquad (2.11)$$

下标 p 表示压强保持不变.式(2.11)表示在等压过程中，气体吸收的热量一部分用于增加内能，另一部分用于对外做功，如果用温度表示，则有

$$Q_p = \frac{m}{M}\frac{i}{2}R(T_2 - T_1) + \frac{m}{M}R(T_2 - T_1)$$

或

$$Q_p = \frac{m}{M}\frac{i+2}{2}R(T_2 - T_1) \qquad (2.12)$$

$$E_2 - E_1 = \frac{m}{M}\frac{i}{2}R(T_2 - T_1) \qquad (2.13)$$

比较式(2.8)和式(2.13)，可以看出，不论是等容过程或等压过程，只要温度变化相同，内能的变化就相等，这是因为理想气体的内能仅与温度有关.

2.3.3 等温过程

气体的等温过程的特征是气体的温度保持不变，即 $T =$ 常量，$dT = 0$.

设气体被封闭在气缸中，气缸活塞上放置砂粒(图 2.5(a)).为了实现准静态等温过程，必须令气缸与一恒温热源接触并一粒一粒地从活塞上取下砂粒，使气体的压强逐渐减小，体积逐渐增大，而温度保持不变，这样的过程就是**等温膨胀过程**.在 pV 图上可用一曲线表示，如图 2.5(b)所示，这条曲线称为**等温线**.当温度保持不变时，气体的压强 p 与体积 V 的关系为 $pV = C$(常量)，所以等温线为双曲线的一支.

在等温过程中，因气体的温度保持不变，由理想气体内能公式 $E = \frac{m}{M}\frac{i}{2}RT$ 得知气体的

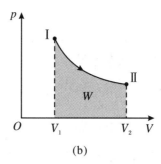

图 2.5

内能保持不变,当气体从状态 Ⅰ(p_1,V_1,T)变到状态 Ⅱ(p_2,V_2,T)时,

$$E_2 - E_1 = 0$$

由热力学第一定律得

$$Q_T = W_T = \int_{V_1}^{V_2} p \, dV \tag{2.14}$$

下标 T 表示温度保持不变.上式表示在等温过程中气体吸收的热量完全用于对外做功,因为气体的内能保持不变.

由理想气体状态方程

$$pV = \frac{m}{M} RT$$

可解出 $p = \dfrac{m}{M} RT \dfrac{1}{V}$,代入式(2.14),便得到

$$Q_T = W_T = \frac{m}{M} RT \int_{V_1}^{V_2} \frac{dV}{V} = \frac{m}{M} RT \ln \frac{V_2}{V_1} \tag{2.15}$$

又因 $p_1 V_1 = p_2 V_2$,上式亦可写为

$$Q_T = W_T = \frac{m}{M} RT \ln \frac{p_1}{p_2} \tag{2.16}$$

例 1 设质量一定的单原子分子理想气体开始时压强为 3.0×10^5 Pa,体积为 1.0 L,先等压膨胀至体积为 2.0 L,再等温膨胀至体积为 3.0 L,最后被等容冷却到压强为 1.0×10^5 Pa.求气体在全过程中内能的变化、所做的功和吸收的热量.

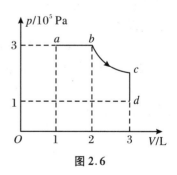

图 2.6

解 如图 2.6 所示,ab、bc 及 cd 分别表示等压膨胀、等温膨胀及等容冷却等过程.由玻意耳定律得

$$p_c = \frac{p_b V_b}{V_c} = \frac{3.0 \times 10^5 \times 2.0 \times 10^{-3}}{3.0 \times 10^{-3}} \text{ Pa} = 2.0 \times 10^5 \text{ Pa}$$

在全过程中,由理想气体内能公式及理想气体状态方程得内能的变化 ΔE 为

$$\Delta E = E_d - E_a = \frac{m}{M} \frac{i}{2} R(T_d - T_a) = \frac{i}{2}(p_d V_d - p_a V_a)$$

对于单原子分子理想气体,$i=3$,代入数据得

$$\Delta E = \frac{3}{2} \times (1.0 \times 10^5 \times 3.0 \times 10^{-3} - 3.0 \times 10^5 \times 1.0 \times 10^{-3}) \text{ J} = 0$$

气体在全过程中所做的功等于在各分过程中所做的功之和,即

$$W = W_p + W_T + W_V$$

由式(2.10)得

$$W_p = p_a(V_b - V_a) = 3.0 \times 10^5 \times (2.0 - 1.0) \times 10^{-3} \text{ J} = 300 \text{ J}$$

由式(2.15)及理想气体状态方程得

$$W_T = \frac{m}{M}RT_b\ln\frac{V_c}{V_b} = p_b V_b \ln\frac{V_c}{V_b}$$

$$= 3.0 \times 10^5 \times 2.0 \times 10^{-3} \times \ln\frac{3.0 \times 10^{-3}}{2.0 \times 10^{-3}} \text{ J} = 243 \text{ J}$$

在等容过程中气体不做功,即

$$W_V = 0$$

所以

$$W = W_p + W_T + W_V = (300 + 243 + 0) \text{ J} = 543 \text{ J}$$

在全过程中吸收的热量等于在各分过程吸收的热量之和,即

$$Q = Q_p + Q_T + Q_V$$

由式(2.12)及理想气体状态方程得

$$Q_p = \frac{m}{M}\frac{i+2}{2}R(T_b - T_a) = \frac{i+2}{2}p_a(V_b - V_a)$$

$$= \frac{3+2}{2} \times 3.0 \times 10^5 \times (2.0 - 1.0) \times 10^{-3} \text{ J} = 750 \text{ J}$$

由式(2.16)得

$$Q_T = W_T = 243 \text{ J}$$

由式(2.8)及理想气体状态方程得

$$Q_V = E_d - E_c = \frac{m}{M}\frac{i}{2}R(T_d - T_c) = \frac{i}{2}(p_d V_d - p_c V_c)$$

$$= \frac{3}{2} \times (1.0 \times 10^5 \times 3.0 \times 10^{-3} - 2.0 \times 10^5 \times 3.0 \times 10^{-3}) \text{ J} = -450 \text{ J}$$

"－"表示气体放热.

所以

$$Q = Q_p + Q_T + Q_V = (750 + 243 - 450) \text{ J} = 543 \text{ J}$$

在全过程中吸收的热量亦可用热力学第一定律求出:

$$Q = W + \Delta E = (543 + 0) \text{ J} = 543 \text{ J}$$

与上面所得结果相同.

2.4 气体的热容

根据实验,质量为 m 的物体,温度从 T_1 升高到 T_2 时,它吸收的热量 Q 与 $T_2 - T_1$ 成比例,又与 m 成比例,设 c 为比例系数,则

$$Q = mc(T_2 - T_1)$$

c 称为组成该物体的物质的比热容. mc 称为该物体的热容.如果物体的物质的量为 1 mol,

即 $\frac{m}{M} = 1\,\text{mol}$,则其热容 Mc 称为摩尔热容,它的物理意义是 1 mol 物质温度升高 1 K 时吸收的热量,用 C 表示,$C = Mc$.摩尔热容的单位是焦耳每摩尔开,符号为 J/(mol·K).

气体吸收的热量与气体所经历的过程有关,所以气体的摩尔热容有无限多个,其中最简单而又最重要的是定容摩尔热容和定压摩尔热容.

2.4.1 气体的定容摩尔热容

1 mol 气体在等容过程中温度升高 1 K 时吸收的热量称为**定容摩尔热容**,符号为 $C_{V,m}$.如果 1 mol 气体在等容过程中温度升高 dT 时吸收的热量为 $(dQ)_V$,则

$$C_{V,m} = \frac{(dQ)_V}{dT} \tag{2.17}$$

由式(2.7),$(dQ)_V = dE$,代入上式得

$$C_{V,m} = \frac{(dQ)_V}{dT} = \frac{dE}{dT} \tag{2.18}$$

如果气体是理想气体,则 1 mol 气体的内能为

$$E = \frac{i}{2}RT$$

代入式(2.18)得

$$C_{V,m} = \frac{dE}{dT} = \frac{i}{2}R \tag{2.19}$$

式中 i 是气体分子的自由度,R 是摩尔气体常量,$R = 8.31\,\text{J/(mol·K)}$,因此理想气体的定容摩尔热容与气体的自由度有关,而与气体的温度无关.

对于单原子分子理想气体,$i = 3$,$C_{V,m} = \frac{3}{2}R = 12.5\,\text{J/(mol·K)}$;

对于双原子分子理想气体,$i = 5$,$C_{V,m} = \frac{5}{2}R = 20.8\,\text{J/(mol·K)}$;

对于多原子分子理想气体,$i = 6$,$C_{V,m} = 3R = 24.9\,\text{J/(mol·K)}$.

有了定容摩尔热容,就可以计算气体在等容过程中吸收的热量.因为质量为 m 的气体的物质的量为 $\frac{m}{M}$,故由定容摩尔热容的定义,当气体的温度由 T_1 升高到 T_2 时吸收的热量为

$$Q_V = \frac{m}{M}C_{V,m}(T_2 - T_1) \tag{2.20}$$

此式适用范围不限于理想气体,但式中 $C_{V,m}$ 应是所讨论的气体在相应温度范围内的平均定容摩尔热容.

2.4.2 气体的定压摩尔热容

1 mol 气体在等压过程中温度升高 1 K 时吸收的热量称为**定压摩尔热容**,符号为 $C_{p,m}$,如果 1 mol 气体在等压过程中温度升高 dT 时吸收的热量为 $(dQ)_p$,则

$$C_{p,\mathrm{m}} = \frac{(\mathrm{d}Q)_p}{\mathrm{d}T} \tag{2.21}$$

由式(2.9)，$(\mathrm{d}Q)_p = \mathrm{d}E + p\mathrm{d}V$，代入上式得

$$C_{p,\mathrm{m}} = \frac{\mathrm{d}E}{\mathrm{d}T} + p\frac{\mathrm{d}V}{\mathrm{d}T} \tag{2.22}$$

对于 1 mol 理想气体来说，$\mathrm{d}E = C_{V,\mathrm{m}}\mathrm{d}T$，$p\mathrm{d}V = R\mathrm{d}T$，代入式(2.22)得

$$C_{p,\mathrm{m}} = C_{V,\mathrm{m}} + R \tag{2.23}$$

上式称为迈耶公式.它表示理想气体的定压摩尔热容比定容摩尔热容大一常量 $R =$ 8.31 J/(mol·K)，即 1 mol 理想气体在等压过程中温度升高 1 K 时吸收的热量比在等容过程中吸收的热量多 8.31 J.这多吸收的热量是用来对外做功的.

因 $C_{V,\mathrm{m}} = \dfrac{i}{2}R$，代入式(2.23)得

$$C_{p,\mathrm{m}} = \frac{i+2}{2}R \tag{2.24}$$

对于单原子分子理想气体，$i = 3$，$C_{p,\mathrm{m}} = \dfrac{5}{2}R = 20.8 \text{ J/(mol·K)}$；

对于双原子分子理想气体，$i = 5$，$C_{p,\mathrm{m}} = \dfrac{7}{2}R = 29.1 \text{ J/(mol·K)}$；

对于多原子分子理想气体，$i = 6$，$C_{p,\mathrm{m}} = 4R = 33.2 \text{ J/(mol·K)}$.

有了定压摩尔热容，就可以计算气体在等压过程中吸收的热量.因为质量为 m 的气体的物质的量为$\dfrac{m}{M}$，故由定压摩尔热容的定义，当气体的温度从 T_1 升高到 T_2 时吸收的热量为

$$Q_p = \frac{m}{M}C_{p,\mathrm{m}}(T_2 - T_1) \tag{2.25}$$

此式适用的范围也不限于理想气体.

2.4.3 热容比

定压摩尔热容与定容摩尔热容的比值称为气体的**热容比**，用 γ 表示：

$$\gamma = \frac{C_{p,\mathrm{m}}}{C_{V,\mathrm{m}}} \tag{2.26}$$

对于理想气体，$C_{p,\mathrm{m}} = \dfrac{i+2}{2}R$，$C_{V,\mathrm{m}} = \dfrac{i}{2}R$，代入式(2.26)得

$$\gamma = \frac{i+2}{i} \tag{2.27}$$

对于单原子分子理想气体，$i = 3$，$\gamma = \dfrac{5}{3} = 1.67$；

对于双原子分子理想气体，$i = 5$，$\gamma = \dfrac{7}{5} = 1.40$；

对于多原子分子理想气体，$i = 6$，$\gamma = \dfrac{8}{6} = 1.33$.

表2.1列举了在常温常压下几种气体的定容和定压摩尔热容的实验值.从表中可以看出:① 对各种气体来说,两种摩尔热容之差 $C_{p,m} - C_{V,m}$ 都接近于 R;② 对单原子分子气体和双原子分子气体来说,$C_{p,m}$、$C_{V,m}$、γ 的实验值与理论值都比较接近,这说明古典热容理论近似地反映了客观事实.但是对分子结构复杂的气体即三原子以上分子的气体来说,理论值与实验值有较大偏离.这说明上述理论是个近似理论,只有用量子理论才能较好地解决热容的问题.

表 2.1　在常温常压下气体的摩尔热容的实验值

	气体	$C_{p,m}/(\text{J}/(\text{mol} \cdot \text{K}))$	$C_{V,m}/(\text{J}/(\text{mol} \cdot \text{K}))$	$C_{p,m} - C_{V,m}$	$\gamma = \dfrac{C_{p,m}}{C_{V,m}}$
单原子分子气体	氦	20.9	12.6	8.3	1.66
	氩	20.9	12.5	8.4	1.67
双原子分子气体	氢	28.8	20.4	8.4	1.41
	氮	28.6	20.4	8.2	1.41
	一氧化碳	29.3	21.2	8.1	1.40
	氧	28.9	21.0	7.9	1.40
多原子分子气体	水蒸气	36.2	27.8	8.4	1.31
	甲烷	35.6	27.2	8.4	1.30
	氯仿	72.0	63.7	8.3	1.13
	乙醇	87.5	79.2	8.3	1.11

2.5　热力学第一定律对理想气体绝热过程的应用

气体与外界无热量交换的变化过程称为**绝热过程**,它的特征是 $Q = 0$.为了实现绝热过程,必须使容器壁是绝热的.例如,气体在用绝热材料包起来的容器内或在杜瓦瓶(如热水瓶胆)内进行的变化过程可近似地看做绝热过程.又如声波传播时所引起的空气的膨胀和压缩、内燃机气缸内爆炸过程后的膨胀做功过程等,由于过程进行得很快,来不及与四周交换热量,也可近似地看做绝热过程.

在绝热过程中,因为 $Q = 0$,所以热力学第一定律可写为

$$E_2 - E_1 + W_Q = 0 \tag{2.28}$$

对于微小的变化过程有

$$dE + p\,dV = 0 \tag{2.29}$$

由式(2.28)得

$$W_Q = -(E_2 - E_1) \tag{2.30}$$

此式表示:气体绝热膨胀时,对外做功是以气体内能的减少为代价的,由 $C_{V,m} = \dfrac{i}{2} R$ 及式(2.13)得

$$E_2 - E_1 = \frac{m}{M} C_{V,\mathrm{m}}(T_2 - T_1) \tag{2.31}$$

将式(2.31)代入式(2.30)得

$$W_Q = -(E_2 - E_1) = -\frac{m}{M} C_{V,\mathrm{m}}(T_2 - T_1) \tag{2.32}$$

由此式看出,当气体绝热膨胀对外做功时,它的内能减少,温度降低;反之,当气体绝热压缩时,外界对气体做功,气体的内能增加,温度升高.总的来讲,不论气体绝热膨胀或绝热压缩,它的体积和温度都要发生变化,又由理想气体状态方程 $pV = \frac{m}{M}RT$ 知气体的体积、温度变化时,压强也要发生变化.所以在绝热过程中,气体的 p、V、T 三个状态参量都同时发生变化.

可以证明(推导过程见后面):在绝热过程中,p、V、T 三个量中任意两个量之间的关系为

$$pV^\gamma = 常量 \tag{2.33}$$
$$V^{\gamma-1}T = 常量 \tag{2.34}$$
$$p^{\gamma-1}T^{-\gamma} = 常量 \tag{2.35}$$

式中 $\gamma = \dfrac{C_{p,\mathrm{m}}}{C_{V,\mathrm{m}}}$ 是气体的热容比.以上三个方程中的常量的值各不相同,每一方程中的常量的值可由气体的初始状态决定.以上三个方程中每一方程都表示同一过程.

应区别过程方程与状态方程.状态方程适用于任何平衡状态,故 $pV = \frac{m}{M}RT$ 适用于任何平衡状态;而过程方程只适用于特定过程中的平衡状态,例如,绝热过程方程 $pV^\gamma = 常量$ 只适用于某一绝热过程中的平衡状态.

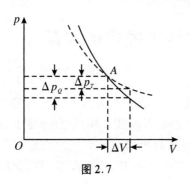

图 2.7

绝热过程方程 $pV^\gamma = C$(常量)可用 pV 图上一曲线表示,如图 2.7 中的实线,此曲线称为**绝热线**.图中虚线表示同一气体的等温线,A 点是两条曲线的交点.从图上看出,绝热线比等温线陡些.这可以从两方面加以解释.

从数学角度看,等温线的方程是 $pV = C$,所以等温线在 A 点的斜率是

$$\left(\frac{\mathrm{d}p}{\mathrm{d}V}\right)_T = -\frac{p}{V}$$

绝热线的方程是 $pV^\gamma = C'$,所以绝热线在 A 点的斜率是

$$\left(\frac{\mathrm{d}p}{\mathrm{d}V}\right)_Q = -\gamma\frac{p}{V}$$

因为 $\gamma > 1$,所以在交点 A 处绝热线的斜率的绝对值大于等温线的斜率的绝对值,即绝热线比等温线陡些.

从物理方面来看,假设从状态 A 开始,令气体体积增加 ΔV.不论气体等温膨胀或绝热膨胀,其压强 p 都要降低.但因为当气体等温膨胀时,引起压强降低的因素只有一个,即体积的增加;而当气体绝热膨胀时,引起压强降低的因素有两个,即体积的增加和温度的降低,所以气体绝热膨胀时引起的压强降低比气体等温膨胀时降低得多些,即图中 Δp_Q 比 Δp_T 大些,因此绝热线比等温线陡些.

*绝热过程方程的推导：由理想气体内能公式 $E = \dfrac{m}{M}\dfrac{i}{2}RT$ 及 $C_{V,\mathrm{m}} = \dfrac{i}{2}R$，并利用微分得

$$\mathrm{d}E = \frac{m}{M}C_{V,\mathrm{m}}\mathrm{d}T$$

代入式(2.29)得

$$\frac{m}{M}C_{V,\mathrm{m}}\mathrm{d}T + p\mathrm{d}V = 0 \tag{2.36}$$

又由理想气体状态方程 $pV = \dfrac{m}{M}RT$ 及微分得

$$p\mathrm{d}V + V\mathrm{d}p = \frac{m}{M}R\mathrm{d}T \tag{2.37}$$

由式(2.36)和式(2.37)消去 $\mathrm{d}T$ 得

$$C_{V,\mathrm{m}}(p\mathrm{d}V + V\mathrm{d}p) + Rp\mathrm{d}V = 0$$

因 $C_{p,\mathrm{m}} = C_{V,\mathrm{m}} + R$，上式可写为

$$C_{p,\mathrm{m}}\,p\mathrm{d}V + C_{V,\mathrm{m}}\,V\mathrm{d}p = 0$$

即

$$\frac{\mathrm{d}p}{p} + \gamma\frac{\mathrm{d}V}{V} = 0$$

其中 $\gamma = \dfrac{C_{p,\mathrm{m}}}{C_{V,\mathrm{m}}}$。积分上式得

$$\ln p + \gamma\ln V = 常量$$
$$\ln pV^\gamma = 常量$$
$$pV^\gamma = 常量$$

这就是绝热过程方程式(2.33)。将上式与状态方程 $pV = \dfrac{m}{M}RT$ 联立，依次消去 p 和 V，便得到式(2.34)及式(2.35)。

例 1 1.2×10^{-2} kg 氦气(视为理想气体)原来的温度为 300 K，绝热膨胀至体积为原体积的 2 倍，求氦气在此过程中所做的功。如果氦气从同一初态开始等温膨胀到相同的体积，问气体又做了多少功？将此结果与绝热过程中的功作比较，并说明其原因。

解 氦气的摩尔质量 $M = 4.0\times10^{-3}$ kg/mol，已知氦气质量 $m = 1.2\times10^{-2}$ kg，$T_1 = 300$ K，$V_2 = 2V_1$。因为把氦气当作单原子分子理想气体，$i = 3$，$\gamma = 1.67$，$C_{V,\mathrm{m}} = \dfrac{i}{2}R$，则由绝热过程方程式(2.34)

$$V_2^{\gamma-1}T_2 = V_1^{\gamma-1}T_1$$

得

$$T_2 = \left(\frac{V_1}{V_2}\right)^{\gamma-1}T_1 = \left(\frac{1}{2}\right)^{1.67-1}\times 300\ \mathrm{K} = 189\ \mathrm{K}$$

由式(2.30)，气体在绝热过程中做的功为

$$W_Q = -(E_2 - E_1) = -\frac{m}{M}C_{V,\mathrm{m}}(T_2 - T_1) = -\frac{m}{M}\frac{i}{2}R(T_2 - T_1)$$

$$= -\frac{1.2\times10^{-2}}{4.0\times10^{-3}}\times\frac{3}{2}\times8.31\times(189-300)\ \mathrm{J} = 4.2\times10^3\ \mathrm{J}$$

如果氦气等温膨胀至体积为原体积的 2 倍,由式(2.15),气体所做的功为

$$W_T = \frac{m}{M}RT_1 \ln \frac{V_2}{V_1} = \frac{1.2 \times 10^{-2}}{4.0 \times 10^{-3}} \times 8.31 \times 300 \times \ln 2 \text{ J} = 5.2 \times 10^3 \text{ J}$$

由此可以看出 $W_T > W_Q$,这是因为绝热线比等温线陡,从同一初态开始膨胀到同一体积的条件下,等温线下面的面积大于绝热线下面的面积.

2.6 循环过程 卡诺循环 热机的效率

2.6.1 循环过程

在生产实践中需要持续不断地把热转变为功,但依靠一个单独的变化过程不能够达到这个目的.例如,气缸中的气体等温膨胀时,它从热源吸热,对外做功,它所吸收的热量全部转变为功.但由于气缸的长度总是有限的,这个过程不可能无限制地进行下去,所以依靠气体等温膨胀所做的功是有限的.为了持续不断地把热转变为功,必须利用循环过程.

定义:如果物质系统经过一系列状态变化过程后又回到原来的状态,则该全部变化过程称为**循环过程**,简称**循环**,这个系统称为工作物质.在 pV 图上工作物质的循环过程可用一闭合曲线表示,如图 2.8(a)中的 $ABCDA$ 曲线.

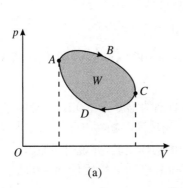
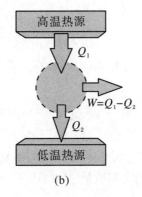

(a)   (b)

图 2.8

工作物质经历一系列状态变化过程后又回到原来状态时,它的内能没有变化,即 $E_2 - E_1 = 0$.这是循环过程的重要特征.

现在讨论从状态 A 开始沿顺时针方向,即沿 $ABCDA$ 方向进行的循环,这样的循环称为正循环过程.工作物质完成一个正循环回到原始状态 A 时,其内能不变,但工作物质对外界做了功,并且与外界有热量交换.

在 ABC 过程中工作物质膨胀,对外做功,所做的功在数值上等于曲线 ABC 下面的面积;在 CDA 过程中工作物质被压缩,外界对工作物质做功,所做的功等于曲线 CDA 下面的面积.所以在整个循环中工作物质所做的净功 W 等于闭合曲线 $ABCDA$ 所包围的面积.

在循环过程中工作物质要从外界吸热,也会向外界放热,根据热力学第一定律,因 $E_2 - E_1 = 0$,工作物质从外界吸收的总热量 Q_1 必然大于放出的总热量 Q_2(取绝对值).设工作物

质吸收的净热 $Q = Q_1 - Q_2$,故得

$$Q = Q_1 - Q_2 = W \tag{2.38}$$

上式表示在循环过程中工作物质吸收的净热等于它对外所做的净功,即

净热 = 净功 = 循环过程曲线所包围的面积

式(2.38)可以写为

$$Q_1 = W + Q_2$$

此式表示:在每一循环中,工作物质从高温热源吸取热量 Q_1,一部分用于对外做功 $W = Q_1 - Q_2$,其余部分 Q_2 向低温热源放出.所以利用工作物质进行循环过程可以持续不断地将热转变为功,这就是热机(蒸汽机、内燃机、燃气轮机等)的原理.图 2.8(b)为热机工作的热流图.

2.6.2 热机的效率

热机的工作物质从高温热源吸取的热量 Q_1 并不全部转变为功,只有一部分 $Q_1 - Q_2$ 转变为功,转变为功的部分 $Q_1 - Q_2$ 与它从高温热源吸取的热量 Q_1 之比称为**循环效率**或热机的**效率**,用 η 表示:

$$\eta = \frac{W}{Q_1} = \frac{Q_1 - Q_2}{Q_1} \tag{2.39}$$

或

$$\eta = 1 - \frac{Q_2}{Q_1} \tag{2.40}$$

由于 $Q_2 \neq 0$,所以 $\eta < 1$.

式(2.39)和式(2.40)对任何热机都适用.其中 Q_1 为工作物质从高温热源吸取的热量,Q_2 为向低温热源放出的热量的绝对值.

例 1 一定质量的双原子分子理想气体原来的体积为 15 L,压强为 2.0×10^5 Pa,进行如图 2.9 所示的循环过程.首先从原状态经等容加热过程 ab 至压强为 4.0×10^5 Pa,然后经等温膨胀过程 bc 至体积为 30 L,最后经等压压缩过程 ca 回到原状态.试求此循环的效率.

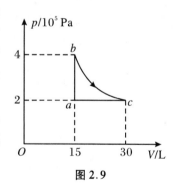

图 2.9

解 循环效率由式(2.39)或式(2.40)表示,其中 Q_1、Q_2 分别为一个循环中气体吸收的总热量和放出的总热量,因此应该先求出各过程所吸收或放出的热量.

在等容加热过程 ab 中气体吸收的热量为

$$Q_V = \frac{m}{M} \frac{i}{2} R(T_b - T_a) = \frac{i}{2} V_a(p_b - p_a)$$

$$= \frac{5}{2} \times 15 \times 10^{-3} \times (4.0 - 2.0) \times 10^5 \text{ J} = 7.50 \times 10^3 \text{ J}$$

在等温膨胀过程 bc 中气体吸收的热量为

$$Q_T = \frac{m}{M} R T_b \ln \frac{V_c}{V_b} = p_b V_b \ln \frac{V_c}{V_b}$$

$$= 4.0 \times 10^5 \times 15 \times 10^{-3} \times \ln \frac{30}{15} \text{ J} = 4.14 \times 10^3 \text{ J}$$

在等压压缩过程 ca 中气体放出的热量(绝对值)为

$$Q_p = \frac{m}{M} C_{p,\text{m}} (T_c - T_a) = \frac{i+2}{2} p_c (V_c - V_a)$$

$$= \frac{7}{2} \times 2.0 \times 10^5 \times (30 - 15) \times 10^{-3} \text{ J} = 1.05 \times 10^4 \text{ J}$$

在一个循环中,共吸收热量为

$$Q_1 = Q_V + Q_T = 7.50 \times 10^3 + 4.14 \times 10^3 \text{ J} = 1.16 \times 10^4 \text{ J}$$

共放出热量为

$$Q_2 = Q_p = 1.05 \times 10^4 \text{ J}$$

所以

$$\eta = 1 - \frac{Q_2}{Q_1} = 1 - \frac{1.05}{1.16} = 10\%$$

例2 四冲程汽油内燃机的工作过程可以近似地看做如图 2.10 中 pV 图所示的理想循环,这个循环叫做奥托循环.

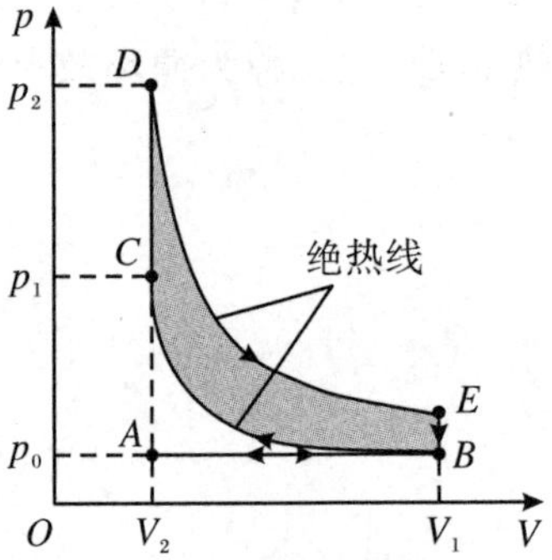

(1) AB 为吸气冲程,活塞下行,进气阀打开排气阀关闭,汽油蒸气及助燃空气的混合气体被吸入气缸(图 2.11(a)),在此过程中压强为大气压 p_0,体积从 V_2 增加到 V_1;

(2) BC 为压缩冲程,进气阀关闭,活塞上行,混合气体被绝热压缩(图 2.11(b)),体积从 V_1 压缩到 V_2,压强从 p_0 增加到 p_1;

图 2.10

(3) CD 和 DE 为动力冲程(图 2.11(c)),CD 是等容吸热过程,活塞接近顶端,点火器激发的电火花使高温压缩气体迅速燃烧,气体的压强和温度骤然上升,在此瞬间体积可视为不变,压强从 p_1 增加到 p_2;DE 为高压气体绝热膨胀做功过程,体积从 V_2 增加至 V_1;

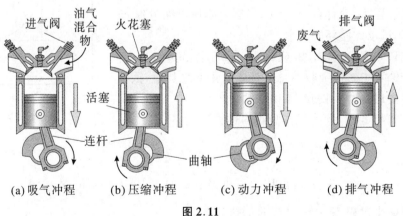

(a) 吸气冲程　　(b) 压缩冲程　　(c) 动力冲程　　(d) 排气冲程

图 2.11

(4) EB 和 BA 为排气冲程(图 2.11(d)),EB 是等容放热过程,气体膨胀到极点 E 时排气阀打开,压强骤然下降至大气压 p_0,在此瞬间体积不变;BA 为排气过程,压强不变,活塞将废气排出气缸.

求此循环的效率.

解 对于绝热过程有

$$\frac{T_E}{T_D} = \left(\frac{V_D}{V_E}\right)^{\gamma-1} = \left(\frac{V_C}{V_B}\right)^{\gamma-1}, \quad \frac{T_B}{T_C} = \left(\frac{V_C}{V_B}\right)^{\gamma-1}$$

系统分别在两个等容过程中放热和吸热,则循环的效率为

$$\eta = 1 - \frac{|Q_{EB}|}{Q_{CD}} = 1 - \frac{\dfrac{m}{M}C_{V,\mathrm{m}}(T_E - T_B)}{\dfrac{m}{M}C_{V,\mathrm{m}}(T_D - T_C)} = 1 - \frac{T_E - T_B}{T_D - T_C}$$

$$= 1 - \frac{T_D\left(\dfrac{V_C}{V_B}\right)^{\gamma-1} - T_C\left(\dfrac{V_C}{V_B}\right)^{\gamma-1}}{T_D - T_C} = 1 - \left(\frac{V_C}{V_B}\right)^{\gamma-1} = 1 - \left(\frac{V_2}{V_1}\right)^{\gamma-1}$$

令 $r = \dfrac{V_1}{V_2}$,称为压缩比,则

$$\eta = 1 - \frac{1}{r^{\gamma-1}}$$

结果表明,奥托循环的效率只由压缩比确定,r 越大,效率越高.

2.6.3 卡诺循环

理论上具有重要意义的循环过程是卡诺循环.由准静态过程组成的卡诺循环是由两个等温过程和两个绝热过程组成的准静态循环,在 pV 图上用两条等温线和两条绝热线表示.图 2.12 是以气体为工作物质的卡诺循环的 pV 图,图中 AB 及 CD 是等温线,温度各为 T_1 和 T_2($T_1 > T_2$),BC 及 DA 为绝热线.

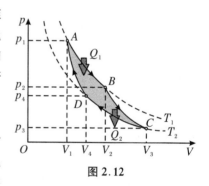

图 2.12

现在讨论从状态 A 开始沿顺时针方向(即沿 $ABCDA$ 方向)进行的循环,即卡诺热机的循环过程.气体从状态 A 开始经过等温膨胀过程 AB 变到状态 B,然后经绝热膨胀过程 BC 变到状态 C,接着经等温压缩过程 CD 变到状态 D,状态 D 的选择要使 D 点在经过 A 点的绝热线 DA 上,因此当气体从状态 D 绝热压缩时,气体完成一循环回到原始状态 A.

从交换热量情况看,在等温膨胀过程 AB 中气体从高温热源 T_1 吸热 Q_1,在等温压缩过程 CD 中气体向低温热源 T_2 放热 Q_2,在绝热过程 BC 及 DA 中,气体既不放热也不吸热,所以在整个循环中气体吸取的净热为 $Q_1 - Q_2$.

在整个循环中气体所做的净功 $W = Q_1 - Q_2$.

现在来计算以理想气体为工作物质的卡诺循环的效率.气体在等温膨胀过程 AB 中从高温热源吸取热量 Q_1:

$$Q_1 = \frac{m}{M}RT_1\ln\frac{V_2}{V_1} \tag{2.41}$$

气体在等温压缩过程 CD 中向低温热源放出热量 Q_2(此处 Q_2 指绝对值):

$$Q_2 = \frac{m}{M}RT_2\ln\frac{V_3}{V_4} \tag{2.42}$$

将绝热过程方程式(2.34)分别应用于 BC 和 DA 两过程,得

$$T_1 V_2^{\gamma-1} = T_2 V_3^{\gamma-1}, \quad T_1 V_1^{\gamma-1} = T_2 V_4^{\gamma-1}$$

两式相除得

$$\frac{V_2}{V_1} = \frac{V_3}{V_4}$$

所以式(2.42)可写为

$$Q_2 = \frac{m}{M} R T_2 \ln \frac{V_2}{V_1} \tag{2.43}$$

用式(2.41)除式(2.43)得

$$\frac{Q_2}{Q_1} = \frac{T_2}{T_1}$$

代入式(2.40),得卡诺热机的效率为

$$\eta_{卡} = 1 - \frac{T_2}{T_1} \tag{2.44}$$

2.6.4 逆循环 制冷机的制冷系数

以上讨论的循环是按顺时针方向进行的,我们也可以使工作物质按反时针方向,即沿 $ADCBA$ 方向进行循环过程(图 2.13(a)),按反时针方向进行的循环称为**逆循环**.显然在逆循环中工作物质从低温热源吸热 Q_2,接受外界对它所做的功 W,向高温热源放出热量 $Q_1 = W + Q_2$.从低温热源吸取热量的结果是低温热源(或低温物体)的温度降得更低,这就是制冷机的原理.图 2.13(b)为制冷机工作的热流图.

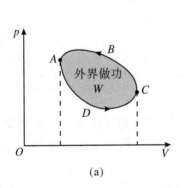 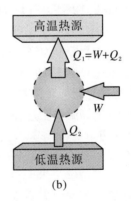

图 2.13

图 2.14 是电冰箱的工作原理示意图.干燥的低温气体进入空压机,压缩成高压的过热蒸气.高压气体通过散热管,排出热量 Q_1,冷凝成常温的高压液体.经过毛细管和节流阀后,高压液体减压成低温低压液体,沿冷却管进入冷冻室,吸收热量 Q_2,迅速汽化,并使冷冻室中温度下降.过去电冰箱通常采用氟利昂 12(CF_2Cl_2)作为制冷剂,其沸点为 -29.8 ℃.由于氟利昂中的氯(Cl)对大气上空的臭氧层有破坏作用,使地球表面的紫外线辐射加强,为保护生态环境,现在已要求在家用冰箱制作时采用无氟的工作物质取代氟利昂.

值得注意的是,制冷机把热量从低温热源(物体)传给高温热源(物体)是有代价的,即外界必须对它做功.制冷机的功效常用它从低温热源吸取的热量 Q_2 与外界对它所做的功 W

的比值来衡量,这比值称为**制冷系数**,用 e 表示.

$$e = \frac{Q_2}{W} = \frac{Q_2}{Q_1 - Q_2}$$

这里 W 和 Q_2 都是绝对值.

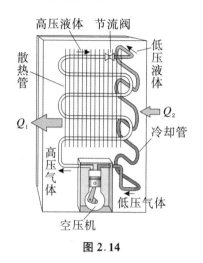

图 2.14

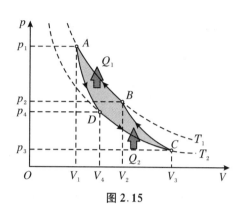

图 2.15

图 2.15 所示为以理想气体为工作物质的卡诺制冷机的逆循环的 pV 图,显然卡诺制冷机的制冷系数为

$$e_卡 = \frac{T_2}{T_1 - T_2}$$

2.7 热力学第二定律

自然界中的热力学过程总向一个方向进行,而不会向相反的方向进行.例如,当两个温度不同的物体互相接触时,热量总是从高温物体传到低温物体,这是热传导过程.相反的过程是热量自动地从低温物体传到高温物体,但从来没有看见过这样的过程.又如,在图 2.2(a)所示的焦耳实验中,重物下降带动叶轮克服水的摩擦力做功,此功转变为热,使水温上升.这就是摩擦生热的实验.相反的过程是水自动冷却而把重物提起来,但从来没有看见过这样的过程.又如,有一容器被隔板分为 A、B 两部分.起始时,A 部分有气体,B 部分是真空,如图 2.16(a)所示,抽掉隔板后气体就充满整个容器(图 2.16(b)),这是自由膨胀过程(自由两字是指向真空膨胀时不受阻碍之意).相反的过程是气体自动收缩回到 A 中,这样的过程也从

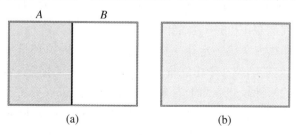

(a)   (b)

图 2.16

来没有看见过.以上的例子说明自然界中发生的过程总是自动地向一个方向进行,而不会自动向相反方向进行.

热力学第二定律是反映自然界中的过程的方向性的一条定律.它和热力学第一定律不同,热力学第一定律只说明在一过程中热功转换在数量上的关系,不能说明过程向哪一个方向进行.例如热传导问题,热力学第一定律只说明一个物体所得到的热量等于另一个物体失去的热量,至于哪一个物体得到热量,热力学第一定律不能加以说明.热力学第二定律的任务是说明过程的方向性.热力学第二定律有两种常用的表述,即开尔文表述和克劳修斯表述,分别介绍如下:

热力学第二定律的开尔文表述(简称**开氏表述**):不可能从单一热源吸取热量,使它完全变为有用的功而不引起其他变化.

要正确理解开氏表述.不是说不可能把热量全部变为功,肯定地说,从一热源取出热量把它全部变为功是可能的,但一定会引起其他变化.只是在不引起其他变化的条件下,不可能把热量全部变为功.例如,气缸中的理想气体等温膨胀时,它从热源吸取的热量全部转变为功,但此时气体的体积增大了,这就是其他变化.所谓其他变化是指热源和做功对象以外的物体的变化.

开氏表述中的"不可能"不仅指在不引起其他变化的条件下,直接从单一热源取出热量使它全部变为功不可能,而且指不论用任何曲折复杂的方法,其唯一的结果是从单一热源吸收热量使它全部变为功而不引起其他变化也是不可能的.

热力学第二定律的开氏表述亦可表述为"第二类永动机不可能造成".

所谓第二类永动机就是从单一热源吸取热量把它全部用来做功而不把热量放给其他物体的机器,这是效率为100%的机器.这种机器并不违反热力学第一定律,因为它所做的功是由热量转变而来的.假如这种机器能够制造的话,我们就可以从海洋、空气、土壤取出热量使它转变为功.这些能量的取用并不费本钱,所以这种机器是十分经济的.历史上曾经有人企图制造这种机器,但都失败了.现在看来,这种失败是注定的,因为第二类永动机违反热力学第二定律的开氏表述.

热力学第二定律的克劳修斯表述(简称**克氏表述**):不可能把热量从低温物体传到高温物体而不引起其他变化.

要正确理解克氏表述.不是说不可能把热量从低温物体传到高温物体,可以肯定,把热量从低温物体传到高温物体是可能的,但一定要引起其他变化.只是在不引起其他变化的情况下,不可能把热量从低温物体传到高温物体.例如,上节所讲的制冷机就可以把热量从低温物体送到高温物体,但外界必须对它做功,使外界消耗能量,这就是其他变化.所谓其他变化是指克氏表述中的高低温物体以外的物体的变化.

克氏表述中的"不可能"不仅指在不引起其他变化的条件下,热量直接从低温物体传到高温物体不可能,而且指不论用任何曲折复杂的方法,其唯一的结果是使热量从低温物体传到高温物体而不引起其他变化也是不可能的.

热力学第二定律和热力学第一定律一样不能从更普遍的原理推导出来,它是大量实验事实的概括和总结.它的正确性在于由它推出的一切结论都与事实符合.

热力学第二定律的两种表述表面上看来没有什么联系,其实它们是等效的.因为这两种表述是可以互相推证的.首先证明:如果开氏表述成立,则克氏表述亦必成立.我们用反证法,假设克氏表述不成立,即热量 Q 可以从低温热源 T_2 传到高温热源 T_1,而不引起其他变化(图 2.17),那么我们可以使一部卡诺机工作于高温热源 T_1 和低温热源 T_2 之间,并使它从高温热源 T_1 吸热 $Q_1 = Q$,向低温热源 T_2 放热 Q_2,对外做功 $W = Q_1 - Q_2$.当全部过程终了时,总的结果是从温度为 T_2 的热源吸取热量 $Q_1 - Q_2$,把它全部变为有用的功而不引起其他变化,这是违反开氏表述的.

其次证明:如果克氏表述成立,则开氏表述亦必成立.仍然用反证法,假设开氏表述不成立,即能够从温度为 T_1 的热源吸取热量 Q_1,把它全部变为有用的功 W 而不引起其他变化(图 2.18),那么我们可以利用这个功 W 带动一部制冷机,使它从低温热源 T_2 吸热 Q_2,连功 W 一起送给高温热源 T_1.因为 $W = Q_1$,所以全部过程终了时总的结果是热量 Q_1 从低温热源 T_2 传到高温热源 T_1 而不引起其他变化,这是违反克氏表述的.

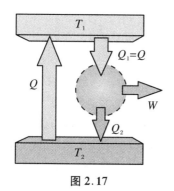

图 2.17

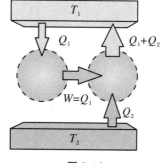

图 2.18

2.8　可逆过程和不可逆过程　卡诺定理

前面讲过,自然界中发生的热力学过程都是有方向性的,这种有方向性的过程就是不可逆过程.这种过程有一特点,即如果一个系统通过一个不可逆过程从状态 A 变到状态 B,则不论用什么方法使系统从状态 B 回到状态 A,一定要引起其他物体的变化.故我们定义不可逆过程如下:设有一过程 P 使系统从状态 A 变到状态 B,如果不可能用任何方法使系统回到原状态而不引起其他变化,则这一过程称为**不可逆过程**.反之,如果能够用某种方法使系统回到原状态而不引起其他变化,则这一过程称为**可逆过程**.

前面讲过,热力学第二定律是说明过程的方向性的定律.为了说明这一点,在这一节中我们将根据不可逆过程的定义,应用热力学第二定律来论证各种过程的方向性,即说明这些过程是不可逆过程.

(1) 热传导过程是不可逆过程.

设在热传导过程中有热量 Q 从高温物体传到低温物体,根据热力学第二定律的克氏表述,不可能用任何方法把热量 Q 从低温物体传到高温物体,使高低温物体回到原状态而不引起其他变化.所以依定义,热传导过程是不可逆过程.由此可见,热传导过程的不可逆性是克氏表述的直接结果.

(2) 热功转换过程是不可逆过程.

以图 2.2(a)所示的焦耳实验为例来说明.在这个实验中,重物下降,水变热,这是功转变为热的具体例子.根据热力学第二定律的开氏表述,不可能用任何方法从水中取出热量,使它全部变为功,把重物提升到原来的高度(即使水和重物都回复原状)而不引起其他变化.所以依定义,热功转换过程是不可逆过程.由此可见,热功转换过程的不可逆性是开氏表述的直接结果.

(3) 气体的自由膨胀过程是不可逆过程.

如图 2.16 所示,当隔板抽掉以后,气体即充满整个容器.气体膨胀以后,我们可以用活塞将气体压缩回到 A 部分,但是我们必须对气体做功,所做的功转变为气体的内能,使气体的内能增加,温度上升(绝热压缩).如果要使气体和外界回复膨胀前的状态,就要从气体取出热量,把它变为功.但是根据热力学第二定律的开氏表述,从气体取出热量把它全部变为功而不引起其他物体的变化是不可能的,所以气体的自由膨胀过程是不可逆过程.

(4) 气体迅速膨胀的过程是不可逆过程.

假设气体装在气缸中,气缸的周围和活塞都是绝热的,如图 2.19 所示.如果我们忽然减少外界对活塞的压力,则气体就忽然膨胀并对外做功 W_1.设气体膨胀一很小体积 ΔV,因为膨胀得很快,靠近活塞的气体的压强小于气体内部的压强,设 p 为气体内部的压强,则 $W_1 < p\Delta V$.如果增加外界的压力,把气体压缩至原体积,则因为压缩时靠近活塞的压强不能小于内部的压强 p,所以外界对气体所做的功 $W_2 \geqslant p\Delta V$.故当气体回到原体积时,外界对气体做了净功 $W_2 - W_1 \neq 0$.此功转变为气体的内能,使气体的温度上升.如果要使气体和外界回复原状态,就要从气体取出热量把它变为功.但是根据热力学第二定律,从气体取出热量把它变为功而不引起其他物体变化是不可能的.所以气体迅速膨胀的过程是不可逆过程.同理可以说明气体迅速压缩的过程也是不可逆过程.

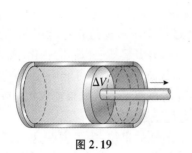

图 2.19

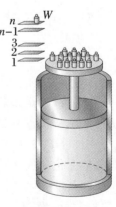

图 2.20

下面介绍一可逆过程的例子,以说明可逆过程的定义及其条件.

假设有一气缸如图 2.20,它的四周是完全不传热的,它的活塞与气缸之间完全没有摩擦力.在活塞上装一小平台,台上放着许多小砝码.平台可随活塞上升或下降,当平台上升或下降时,它经过一系列固定的隔板.开始时平台在隔板 1 的平面上,在隔板 n 上有一小砝码 W,在其余隔板上没有砝码.

现在令气体绝热膨胀,即把平台上一个砝码横移到隔板 1 上,平台便上升到隔板 2 的平面上(假设适当选择隔板间的距离);其次又把一个砝码横移到隔板 2 上,平台又升到隔板 3 的平面上;然后又把一砝码横移到隔板 3 上,如此继续进行,直到平台升到隔板 n 的平面上.这是一绝热膨胀过程.在这一过程中,气体以减少它的内能为代价而对外做功,所做的功等于所有砝码以及平台等所增加的势能.因为活塞与气缸之间完全没有摩擦力,气体无须克服摩擦力而做功,而横移砝码又无须做功,所以气体所做的功完全用来增加砝码和平台的势能.根据机械能守恒定律,这两者应相等.

现在令气体绝热压缩,即把原来放在隔板 n 的砝码横移到平台上,平台就落到隔板 $n-1$ 的平面上;其次又把隔板 $n-1$ 上的砝码横移到平台上,平台又落到隔板 $n-2$ 的平面上;如此继续进行,直到平台回到隔板 1 的平面上.在这一过程中,外界(气体以外的物体)对气体做功,气体的内能增加,外界所做的功等于砝码和平台的势能的减少.

在这一膨胀和压缩的全部过程结束时,原来在隔板 n 上的砝码 W 被移下来了,所以外界没有回到原始状态.砝码既然落下来了,它的势能减少了,所减少的势能必然用来对气体做功,所以在全部过程结束时,气体接受了外功,因而气体的内能增加,即气体升温,所以气体也没有回到原始状态.

现在假设砝码的质量是无穷小,因而每两隔板之间的距离必然也是无穷小,则砝码 W 可以忽略不计,在此情形中气体和外界都可看成回到原始状态,所以这样的过程(即上述绝热膨胀过程或绝热压缩过程)是可逆过程.

当可逆过程沿反方向进行时,系统及外界一定经过正方向过程中的一切中间状态,因为如果在反方向过程中不经过正方向过程的某一中间状态的话,我们就以这一状态为原始状态,则当过程沿反方向进行时,系统和外界就不能回到原始状态,这样过程就不是可逆过程了.例如,在上述可逆过程中,当气体受压缩以及小平台下降到某一位置时,平台上的砝码以及隔板上的砝码都和气体膨胀以及平台上升到该位置时相同,而且在这两种情形中气体的压力和体积亦相同,所以在压缩过程中,外界和气体都经过膨胀过程中与平台在该位置对应的状态.

从以上例子可以得出可逆过程的条件:

(1) 过程必须进行得无限慢,即过程为准静态过程;

(2) 在过程进行中没有摩擦发生,否则就有一定数量的功通过摩擦转变为热.

当然这些条件在实际情况中都是不可能实现的,所以实际过程都是不可逆过程.但可使实际过程与可逆过程无限接近,因此可逆过程在一定精确程度之内可以代表实际过程.

从热力学第二定律可以推出卡诺定理:

(1) 利用两个热源工作的一切可逆热机(即其循环是可逆的)不论用什么工作物质,它们的效率都相等,且等于 $1-\dfrac{T_2}{T_1}$ (T_1 为高温热源的温度,T_2 为低温热源的温度).

$\eta=1-\dfrac{T_2}{T_1}$ 是可逆卡诺热机的效率.根据这条定理,一切可逆热机的效率和可逆卡诺热机的效率相等,即等于 $1-\dfrac{T_2}{T_1}$.

(2) 利用两个同样的热源工作的不可逆热机(即其循环是不可逆的),它的效率不可能大于(实际上小于)可逆热机的效率.

这两条定理可合并表示为

$$\eta=\frac{Q_1-Q_2}{Q_1}\leqslant\frac{T_1-T_2}{T_1}=1-\frac{T_2}{T_1} \tag{2.45}$$

$\eta = \dfrac{Q_1 - Q_2}{Q_1}$ 是热机效率的定义，$\eta \leqslant 1 - \dfrac{T_2}{T_1}$ 是卡诺定理的结果，在"$\leqslant$"中，"$=$"用于可逆机.

这个定理指出了提高热机效率的方向，即要提高热机的效率，必须提高高温热源的温度和降低低温热源的温度，并使热机尽量接近于可逆热机.

2.9 熵

自然界中发生的热力学过程都是有方向性的.例如,热量总是自动地由高温物体传向低温物体,直到两物体温度相同为止.又如,气体分子的自由扩散是从密度大处向密度小处进行的,直到各处密度相同为止.判断前一个不可逆过程进行方向的标准是温度的高低,判断后一个不可逆过程进行方向的标准是密度的大小.这样,对不同的不可逆过程进行的方向就要用不同的标准来判断.为了对所有不可逆过程进行的方向都用同一标准判断,下面我们引入一个热力学系统状态的单值函数——**熵**,通过熵值的变化（增加或减少）就可以判断一个不可逆过程进行的方向.

根据卡诺定理(1),可逆卡诺热机的效率为

$$\eta = \frac{Q_1 - Q_2}{Q_1} = \frac{T_1 - T_2}{T_1}$$

由上式可得

$$\frac{Q_1}{T_1} - \frac{Q_2}{T_2} = 0 \tag{2.46}$$

其中 Q_1 是从高温热源 T_1 吸取的热量，Q_2 是向低温热源 T_2 放出的热量.如果将 Q_2 也定义为从热源 T_2 吸取的热量，则 Q_2 本身为负值，式(2.46)变为

$$\frac{Q_1}{T_1} + \frac{Q_2}{T_2} = 0 \tag{2.47}$$

由于可逆卡诺热机的一个循环过程是由两个等温过程和两个绝热过程构成的，在绝热过程中 $Q=0$，即 $\dfrac{Q}{T}=0$，因此式(2.47)表明在整个可逆卡诺循环中量 $\dfrac{Q}{T}$ 的总和为零.

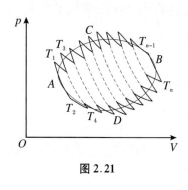

图 2.21

以上结果可推广于任意的可逆循环过程.图 2.21 中闭合曲线 ACBDA 表示一个任意的可逆循环过程.作一系列如图所示的紧密相连的微小可逆卡诺循环.由于任意两个相邻的可逆卡诺循环总有一段绝热线是共同的,如图中虚线所示,但进行的方向相反,因而其效果互相抵消.所以这一系列可逆卡诺循环的总效果就是图中锯齿形粗实线路径所表示的循环过程.当相邻绝热线的间隔变为无限小,即微小可逆卡诺循环数目趋于无穷大时,由锯齿形路径表示的循环过程就无限趋近于原来的可逆循环过程

ACBDA 了.

设上述一系列可逆卡诺循环的高低温热源的温度为 $T_1, T_2, T_3, T_4, \cdots, T_{n-1}, T_n$，又设

ΔQ_i 为从温度为 T_i 的热源吸取的热量($i=1,2,3,\cdots,n$),分别将式(2.47)应用于各微小可逆卡诺循环,得

$$\sum_{i=1}^{2}\frac{\Delta Q_i}{T_i}=0, \quad \sum_{i=3}^{4}\frac{\Delta Q_i}{T_i}=0, \quad \cdots, \quad \sum_{i=n-1}^{n}\frac{\Delta Q_i}{T_i}=0$$

将以上各式相加得

$$\sum_{i=1}^{n}\frac{\Delta Q_i}{T_i}=0$$

当这些卡诺循环数趋于无穷大时,锯齿形路径就无限趋近于可逆循环过程的闭合路径 $ACBDA$,因而上式左端的求和化为沿闭合路径 $ACBDA$ 的积分:

$$\oint_{ACBDA}\frac{\mathrm{d}Q}{T}=0 \tag{2.48}$$

其中 $\mathrm{d}Q$ 是在温度为 T 的无限小等温过程中所吸取的热量.

图 2.21 中所示的循环过程可以认为是由 ACB 和 BDA 两个过程组成的,由式(2.48)可得

$$\oint_{ACBDA}\frac{\mathrm{d}Q}{T}=\int_{ACB}\frac{\mathrm{d}Q}{T}+\int_{BDA}\frac{\mathrm{d}Q}{T}=0$$

因此得

$$\int_{ACB}\frac{\mathrm{d}Q}{T}=\int_{ADB}\frac{\mathrm{d}Q}{T}=\int_{A\atop 可逆过程}^{B}\frac{\mathrm{d}Q}{T} \tag{2.49}$$

由于所选择的循环是任意的,上式表明积分 $\int_{A}^{B}\frac{\mathrm{d}Q}{T}$ 的值与过程无关,只由初、终两状态所决定.于是可以断定存在一个系统状态的单值函数,并将此函数定义为**熵**,用 S 表示.如果 S_A 和 S_B 分别表示系统在状态 A 和状态 B 时的熵,系统沿任意可逆过程由状态 A 变到状态 B,熵的增量为

$$S_B-S_A=\int_{A\atop 可逆过程}^{B}\frac{\mathrm{d}Q}{T}$$

在国际单位制中熵的单位是焦耳每开,符号为 $\mathrm{J/K}$.

对于任意的不可逆过程,如果它的初态 A 和终态 B 都是平衡态.利用卡诺定理(2)及上式可以证明:

$$S_B-S_A>\int_{A\atop 可逆过程}^{B}\frac{\mathrm{d}Q}{T}$$

以上两式可合并写为

$$S_B-S_A\geqslant\int_{A}^{B}\frac{\mathrm{d}Q}{T} \tag{2.50}$$

在卡诺定理式(2.45)中,T_1、T_2 是热源的温度,式(2.50)是从卡诺定理推出的,所以在式(2.50)中 T 是热源的温度而不是物质系统的温度.对于可逆过程来说,因为工作物质和热源总是保持着热平衡,所以热源的温度和工作物质的温度相同.但对于不可逆过程来说,热源的温度和工作物质的温度不相同.

应当注意,熵是系统状态的单值函数,对于给定的 A 态和 B 态,熵变 S_B-S_A 是一定的.式(2.50)表示,如果过程是可逆的,该式右端的积分值等于熵变 S_B-S_A;如果过程是不可逆

的,该式右端的积分值小于熵变.

应用式(2.50)于一微小过程,可得

$$dS \geqslant \frac{dQ}{T} \qquad (2.51)$$

假设过程是绝热的,$dQ = 0$,则由式(2.51)得

$$dS \geqslant 0 \qquad (2.52)$$

由此可见,在绝热过程中系统的熵永不减少.对于可逆绝热过程,系统的熵不变;对于不可逆绝热过程,系统的熵增加.这一结论称为**熵增加原理**.

对于不受外界影响的孤立系统来说,也有 $dQ = 0$,故式(2.52)仍然成立,于是得到熵增加原理的另一表述:一个孤立系统的熵永不减少.如果系统原来处于平衡状态,它将继续保持在这个状态,它的熵不变;如果系统原来处于非平衡状态,经过一定时间后它就要变为平衡状态,在此过程中它的熵增加,直至达到平衡状态为止.在平衡状态时熵达到最大值.

根据熵增加原理,绝热过程中的不可逆过程和孤立系统中的自发过程总是向着熵增加的方向进行.因此熵函数给出了判断这些过程进行方向的共同标准.通过对绝热系统或孤立系统的熵变的计算可以判断过程能否进行.如果熵减少,可以肯定这种过程是不可能进行的.如果系统不是绝热的或者不是孤立的,可以把该系统和外界合成一个更大的系统,使这个大系统成为绝热系统或孤立系统.计算这个大系统的总熵变,从而判断过程能否进行.

熵增加原理是从卡诺定理推出的,而卡诺定理又是从热力学第二定律推出的,所以熵增加原理归根结底是从热力学第二定律推出的.反过来我们也可以从熵增加原理推出热力学第二定律.热力学第二定律的开氏表述可表述为:第二类永动机是不可能造成的.假设可以制造出第二类永动机,在循环过程中从温度为 T 的热源吸取热量 Q,并将这些热量全部转化为功输出.在循环过程终了时,热源的熵减少了 $\frac{Q}{T}$,热机工作物质的熵不变,那么由热源和热机合成的整个绝热系统的熵也减少了 $\frac{Q}{T}$.这是与熵增加原理矛盾的,所以第二类永动机是不能造成的.

例1 计算理想气体的熵.

解 根据热力学第一定律和式(2.51),在可逆过程中理想气体的熵变为

$$dS = \frac{dQ}{T} = \frac{dE + pdV}{T}$$

当温度增加 dT 时,理想气体内能的增量为

$$dE = \frac{m}{M}C_{V,m}dT$$

由理想气体状态方程 $pV = \frac{m}{M}RT$,可得

$$pdV = \frac{m}{M}\frac{RT}{V}dV$$

因此

$$dS = \frac{m}{M}\left(C_{V,m}\frac{dT}{T} + \frac{RdV}{V}\right)$$

两边积分得

$$S = \frac{m}{M}(C_{V,m}\ln T + R\ln V) + S_0 \tag{2.53}$$

其中 S_0 为积分常量,等于系统初态的熵.由上式可以看出,理想气体的熵由状态参量 T 和 V 确定,是状态的单值函数.

例 2 理想气体自由膨胀,体积由 V_1 变为 V_2,试求此过程中的熵变.

解 在自由膨胀过程中,系统与外界绝热,对外不做功,理想气体的内能不变,所以温度不变,设为 T,由式(2.53)可得膨胀前系统的熵值为

$$S_1 = \frac{m}{M}(C_{V,m}\ln T + R\ln V_1) + S_0$$

膨胀后系统的熵值为

$$S_2 = \frac{m}{M}(C_{V,m}\ln T + R\ln V_2) + S_0$$

因此经自由膨胀后系统的熵变为

$$S_2 - S_1 = \frac{m}{M}R\ln\frac{V_2}{V_1} \tag{2.54}$$

当系统经一不可逆过程由初态 A 变化到终态 B 时,为了计算系统的熵变,可以设想一个可逆过程,使系统从初态 A 变化到终态 B,系统在此可逆过程中的熵变就等于所要计算的不可逆过程中的熵变.

例 3 有比热容均为 c、质量为 m 的 10 个小球,其中 A 球的温度为 T_0,其余 9 个球的温度同为 $2T_0$,通过球与球的相互接触发生热传导,可使 A 球温度升高.假设接触过程与外界绝热,试求 A 球可达到的最高温度和系统对应的熵变.

解 将其余 9 个球分别记为 B_1、B_2、B_3、$\cdots$、B_9,让 A 球依次与 B_1、B_2、B_3、$\cdots$、B_9 单独接触并到热平衡,可使 A 球温度达到最高值

A 球与 B_i 球接触后,两者的共同温度记为 T_i,则有

$$T_{i+1} = \frac{1}{2}(T_i + 2T_0) = \frac{1}{2}T_i + T_0 \quad (i = 1,2,\cdots,9)$$

$$T_1 = \frac{1}{2}(T_0 + 2T_0) = \frac{1}{2}T_0 + T_0$$

$$T_i = \frac{1}{2^i}T_0 + \frac{1}{2^{i-1}}T_0 + \cdots + \frac{1}{2}T_0 + T_0 = \frac{1 - \dfrac{1}{2^{i+1}}}{1 - \dfrac{1}{2}}T_0 = \left(2 - \frac{1}{2^i}\right)T$$

可使 A 球温度达到最高值

$$T_9 = \left(2 - \frac{1}{2^9}\right)T_0 = \frac{1023}{512}T_0$$

在全过程中 A 球熵变为

$$\Delta S_A = \int_{T_0}^{T_9}\frac{\mathrm{d}Q}{T} = \int_{T_0}^{T_9}cm\,\frac{\mathrm{d}T}{T} = cm\ln\frac{T_9}{T_0} = cm\ln\frac{1023}{512} > 0$$

B_1、B_2、B_3、$\cdots$、B_9 球的总熵为

$$\Delta S_B = cm\ln\frac{T_9}{2T_0} + cm\ln\frac{T_8}{2T_0} + \cdots + cm\ln\frac{T_1}{2T_0}$$

$$= cm\ln\left(1 - \frac{1}{2^{10}}\right) + cm\ln\left(1 - \frac{1}{2^9}\right) + \cdots + cm\ln\left(1 - \frac{1}{2^2}\right)$$

$$= cm\ln\left(1 - \frac{1}{2^{10}}\right)\left(1 - \frac{1}{2^9}\right)\cdots\left(1 - \frac{1}{2^2}\right) < 0$$

$$\Delta S = \Delta S_A + \Delta S_B = cm\ln\left[2\left(1 - \frac{1}{2^{10}}\right)^2\left(1 - \frac{1}{2^9}\right)\cdots\left(1 - \frac{1}{2^2}\right)\right] > 0$$

图 2.22

熵与物质的无序性有着密切的联系.例如,在气体自由膨胀过程中,气体最初被限制于容器的一侧,通过中间隔板上的小孔向另一侧扩散,当达到平衡时,分子做杂乱无章的热运动.在这个过程中系统的无序性增加了,由式(2.54)说明此过程中熵也增加了.又如,用玻璃棒搅动杯中的水,玻璃棒拿出后,水将继续转动,直到在黏滞阻力作用下转动慢慢消失.如果杯子与外界绝热,则水温升高,液体分子杂乱无章的热运动变得更加激烈,这也是一个无序性增加的过程,在这个绝热系统的不可逆过程中熵也增加了.再如,一滴黑墨汁滴入一杯清水中,黑墨汁将在清水中逐渐扩散开来(图 2.22),这说明墨水分子向清水各处运动,最终墨水分子和清水分子混杂难分,清水变成均匀的深灰色.这也表现出无序性的增加,同时在这个不可逆过程中熵也增加了.这些例子说明在不可逆过程中熵增加的同时物质分子运动的无序性也增加了.所以熵的大小反映了物质分子运动的无序程度,是物质分子运动无序程度的量度.

2.10 热力学第二定律的统计意义

前面已经指出,热力学第二定律是说明过程方向性的定律,即自然界中一切热力学过程都是不可逆过程.下面我们通过对气体的自由膨胀过程的分析,说明热力学第二定律的统计意义,从而加深对热力学第二定律本质的认识.

如图 2.23 所示,容器被隔板分为容积相等的 A、B 两部分,A 部分有气体,B 部分是真空.抽掉隔板后,气体将充满整个容器.

首先说明气体分子在 A、B 两部分分布的微观状态和宏观状态的意义.假设跟踪观测隔板抽出前 A 部分气体中的四个分子 a、b、c、d.当隔板抽掉后,任一瞬时每个分子出现在 A、B 两部分的机会是均等的,这四个分子在 A、B 两部分的分布情况有 16 种可能,如表 2.2(a)所示.这样的每一种可能的分布叫一个微观状态.要说明气体分子分布的微观状态,必须指出出现在 A 部分的具体是哪几个分子,出现在 B 部分的具体又是哪几个分子.当我们要确定气体的宏观性质(例如气体的分子数密度)时,并不需要这种详细的微观描述,只需知道 A、B 两部分中每一部分的分子总数即可.这样的分布情况只有 5 种可能,如表 2.2(b)所示,每一种可能的分布叫一个宏观状态.从表 2.2 看出,各个宏观状态包含的微观状态数可能不相等,例如,四个分子都回到 A 部分的宏观状态只包含 1 个微观状态,四个分子均匀分布在 A、B 两部分的宏观状态

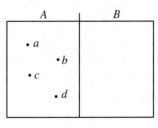

图 2.23

包含 6 个微观状态,如表 2.2(c)所示.

表 2.2

(a)	微观状态	A 部分	a b c d	a b c	a b d	a c d	b c d	a b	a c	a d	c d	b d	b c	a	b	c	d
		B 部分		d	c	b	a	c d	b d	b c	a b	a c	a d	b c d	a c d	a b d	a b c	a b c d
(b)	宏观状态	A 部分	4	3				2						1			0
		B 部分	0	1				2						3			4
(c)		每一宏观状态包含的微观状态数	1	4				6						4			1

统计物理学中的一个基本假设是:凡是处于平衡态的孤立系统,它的各个微观状态出现的概率相等.这个假设叫做等概率假设.由于各个宏观状态所包含的微观状态数可能不相等,各个宏观状态出现的概率就可能不相等.包含微观状态数多的宏观状态出现的概率就大,包含微观状态数少的宏观状态出现的概率就小.因此我们引入热力学概率的概念:一个宏观状态所包含的微观状态的总数称为该宏观状态的热力学概率.注意,热力学概率与数学概率不同:

$$热力学概率 \ = \ 微观状态数 \ = \ 数学概率 \times 总微观状态数$$

现在来看气体的自由膨胀的不可逆性的意义.设容器中有 N 个气体分子,N 个气体分子都集中在 A 部分的宏观状态只包含 1 个微观状态,所以它的热力学概率等于 1. N 个分子分布在 A、B 两部分,r 个分子在 A 部分,$N-r$ 个分子在 B 部分,这一宏观状态的热力学概率是 $\dfrac{N!}{r!(N-r)!}$. 由此可以计算各个宏观状态的热力学概率.计算的结果表明,当容器中气体的分子数 N 为一定时,气体分子越接近于均匀分布,其宏观状态的热力学概率越大,气体分子基本上均匀分布 $\left(即 \ r \approx \dfrac{N}{2}\right)$ 时的宏观状态的热力学概率最大.例如,容器中有 $N=20$ 个分子,9 个在 A 部分、11 个在 B 部分的热力学概率为

$$\frac{20!}{9!11!} \ = \ 167960$$

A、B 两部分各有 10 个的热力学概率为

$$\frac{20!}{10!10!} \ = \ 184756$$

实际气体的分子数 N 的数量级为 10^{23},这时气体分子基本上均匀分布的宏观状态的热力学概率就非常大了.按照等概率假设,热力学概率小的宏观状态出现的概率就小,热力学概率大的宏观状态出现的概率就大.所以气体自由膨胀过程的不可逆性的实质是:这个过程总是由热力学概率小的宏观状态向热力学概率大的宏观状态进行,而相反的过程在没有外界影响的条件下是不可能实现的.这就是气体自由膨胀的不可逆性的统计意义.

以上对气体的自由膨胀过程的不可逆性的分析所得的结果具有一般意义.即一般来说,孤立系统内部发生的自发过程(不可逆过程)总是由热力学概率小的宏观状态向热力学概率大的宏观状态进行.热力学第二定律正是指出一切与热现象有关的实际过程都是不可逆过程.因此热力学第二定律的实质是指出了孤立系统内部发生的自发过程总是由热力学概率小的宏观状态向热力学概率大的宏观状态进行,这就是热力学第二定律的统计意义.

根据熵增加原理,孤立系统中的自发过程总是向着熵增加的方向进行.现在又知道,孤立系统中的自发过程总是向着热力学概率大的宏观状态进行.由此看来,系统的熵与热力学概率之间必然有某种联系.在统计物理学中已经证明熵与热力学概率存在如下关系:

$$S = k \ln W$$

其中 S 为系统的熵,W 是热力学概率,k 是玻尔兹曼常量.上式叫做熵的玻尔兹曼表达式.由上式看出,宏观状态的热力学概率越大,系统的熵值就越大,反之则越小.

习　题

1. 在一大水银槽中竖直插入一根玻璃管,管上端封闭,下端开口.已知槽中水银液面以上的那部分玻璃管的长度 $l = 76$ cm,管内封闭有 $n = 1.0 \times 10^{-3}$ mol 空气.保持水银槽与玻璃管都不动而设法使玻璃管内空气的温度缓慢地降低 10 ℃,问在此过程中管内空气放出的热量为多少?已知管外大气的压强为 76 cmHg,每摩尔空气的内能 $U = C_V T$,其中 T 为热力学温度,常量 $C_V = 20.5$ J/(mol·K),普适气体常量 $R = 8.31$ J/(mol·K).

2. 一台四冲程内燃机的压缩比 $\beta = 9.5$,热机抽出的空气和气体燃料的温度为 27 ℃,在 1 atm $= 10^2$ kPa 压强下的体积为 V_0.如图 2.24 所示,从 1→2 是绝热压缩过程;2→3 混合气体燃爆,压强加倍;从 3→4 活塞外推,气体绝热膨胀至体积 $9.5V_0$,这时排气阀门打开,压强回到初始值 1 atm(压缩比 β 是气缸最大与最小体积比,γ 是比热容比).

(1) 确定状态 1、2、3、4 的压强和温度;

(2) 求此循环的热效率.

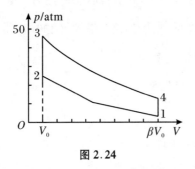
图 2.24

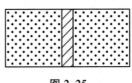
图 2.25

3. 如图 2.25 所示,在一个圆柱形容器中用移动的活塞将气体分隔成两部分,每部分为 1 mol 单原子分子气体.容器左侧气体保持温度不变,活塞不导热,移动无摩擦.求两边温度相等时右边气体的比热容.

4. 某空调器按可逆卡诺循环运转,其中的做功装置连续工作时所提供的功率为 P_0.

(1) 夏天室外温度恒为 T_1,启动空调器连续工作,最后可将室温降至恒定的 T_2.室外通过热传导在单位时间内向室内传输的热量正比于 $T_1 - T_2$(牛顿冷却定律),比例系数为 A. 试用 T_1、P_0 和 A 来表示 T_2.

(2) 当室外温度为 30 ℃时,若这台空调器只有 30%的时间处于工作状态,室温可维持在 20 ℃.试问室外温度最高为多少时,用此空调器仍可使室温维持在 20 ℃?

(3) 冬天,可将空调器吸热、放热反向,试问室外温度最低为多少时,用此空调器可使室温维持在 20 ℃?

5. 一热机工作于两个相同材料的物体 A 和 B 之间,两物体的温度分别为 T_A、T_B($T_A > T_B$),每个物体的质量为 m,比热容恒定,均为 s,设两个物体的压强保持不变且不发生相变.

(1) 假定热机能从系统获得理论上允许的最大机械能,求出物体 A 和 B 最终达到的温度 T_0 的表达式,给出解题的全部过程.

(2) 由此得出允许获得的最大功的表达式.

(3) 假定热机工作于两箱水之间,每箱水的体积为 2.50 m³,一箱水的温度为 350 K,另一箱水的温度为 300 K,计算可获得的最大机械能.

已知水的比热容为 4.19×10^3 J/(kg·℃),水的密度为 1.00×10^3 kg/m³.

6. 如图 2.26 所示,0.1 mol 单原子分子理想气体从初态($p_1 = 32.0$ Pa,$V_1 = 8.00$ m³)经 pV 图上的直线过程到达终态($p_2 = 1.0$ Pa,$V_2 = 64.0$ m³),再经过绝热过程回到初态构成循环,试求上述循环的最高温度与最低温度以及循环效率.

7. A、B 两小球的质量同为 m,比热同为常量 c.A、B 的初温分别 T_0、$2T_0$.令 A、B 相接触并与外界绝热,通过 A、B 间热传导,使其彼此温度相同,试求此过程中系统的熵变.

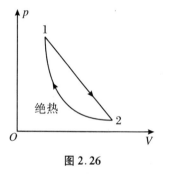

图 2.26

8. 有一制冷机,工作在恒温热源和内装 1 mol 空气的刚性容器之间.开始两者温度相同,均为 T_0.制冷机工作后,从恒温热源取热量给容器中的空气,使空气温度由 T_0 上升到 T_1,求制冷机消耗的最小功(不考虑分子的振动,不考虑容器的吸热与传热,气体作理想气体处理).

习 题 解 答

1. 对封闭在管中的空气,由于温度降低而体积减小,外界对气体做功,由热力学第一定律可得到问题的解.

设玻璃管内空气柱的长度为 h,大气压强为 p_0,管内空气的压强为 p,水银密度为 ρ,重力加速度为 g,由图 2.27(a)可知

$$p + (l - h)\rho g = p_0 \qquad\qquad ①$$

根据题给的数据,可知 $p_0 = l\rho g$,得

$$p = \rho g h \qquad\qquad ②$$

若玻璃管的横截面积为 S,则管内空气的体积为

$$V = Sh \qquad\qquad ③$$

由②③两式得

$$p = \frac{V}{S}\rho g \qquad ④$$

即管内空气的压强与体积成正比. 由克拉珀龙方程 $pV = nRT$ 得

$$\rho g \frac{V^2}{S} = nRT \qquad ⑤$$

由式⑤可知,随着温度降低,管内空气的体积变小,根据式④可知管内空气的压强也变小,压强随体积的变化关系为 pV 图上过原点的直线,如图 2.27(b)所示. 在管内气体的温度由 T_1 降到 T_2 的过程中,气体的体积由 V_1 变到 V_2,体积缩小,外界对气体做正功,功的数值可用图中划有斜线的梯形面积来表示,即有

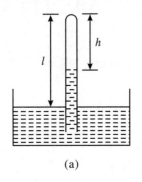
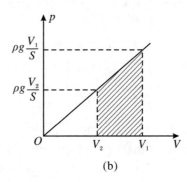

(a)   (b)

图 2.27

$$W = \frac{1}{2}\rho g \left(\frac{V_1}{S} + \frac{V_2}{S}\right)(V_1 - V_2) = \rho g \frac{V_1^2 - V_2^2}{2S} \qquad ⑥$$

管内空气内能的变化为

$$\Delta U = nC_V(T_2 - T_1) \qquad ⑦$$

设 Q 为外界传给气体的热量,则由热力学第一定律 $W + Q = \Delta U$,有

$$Q = \Delta U - W \qquad ⑧$$

由式⑤~式⑧得

$$Q = n(T_2 - T_1)\left(C_V + \frac{1}{2}R\right) \qquad ⑨$$

代入有关数据得

$$Q = -0.247 \text{ J}$$

$Q < 0$,表示管内空气放出热量,故空气放出的热量为

$$Q' = -Q = 0.247 \text{ J} \qquad ⑩$$

2. 本题为实际热机的等容加热循环——奥托循环,其热效率取决于压缩比.

对于绝热过程,有 $pV^\gamma =$ 恒量,结合状态方程,有 $TV^{\gamma-1} =$ 恒量. 对于空气、O_2 等双原子分子气体,γ 在普通温度下是常数,约等于 $\frac{7}{5}$.

(1) 状态 1,$p_1 = 1$ atm,$T_1 = 300$ K.

由 $T_2 V_0^{\gamma-1} = T_1(\beta V_0)^{\gamma-1}$ 得 $T_2 = 300$ K × 2.461 = 738.3 K,$p_2 = 23.38$ atm.

在状态 3,$p_3 = 2p_2 = 46.76$ atm,$T_3 = 2T_2 = 1476.6$ K.

用绝热过程计算状态 4,由 $T_3 V_0^{\gamma-1} = T_4(\beta V_0)^{\gamma-1}$,得 $T_4 = 600$ K,$p_4 = 2$ atm.

（2）热效率公式中商的分母是 2→3 过程中的吸热,该热量是在这一过程中燃烧燃料所获得的.因为在这一过程中体积不变、不做功,所以吸收的热量等于气体内能的增加,即 $C_V m(T_3 - T_2) - C_V m(T_4 - T_1)$.热效率为

$$\eta = \frac{C_V m(T_1 + T_3 - T_2 - T_4)}{C_V m(T_3 - T_2)} = 1 - \frac{T_4 - T_1}{T_3 - T_2}$$

绝热过程有

$$T_4 V_4^{\gamma-1} = T_3 V_3^{\gamma-1}, \quad T_1 V_1^{\gamma-1} = T_2 V_2^{\gamma-1}$$

因为

$$V_4 = V_1, \quad V_2 = V_3$$

故

$$\frac{T_4}{T_1} = \frac{T_3}{T_2}, \quad \eta = 1 - \frac{T_1}{T_2}$$

而

$$\frac{T_1}{T_2} = \left(\frac{V_2}{V_1}\right)^{\gamma-1} = \left(\frac{1}{\beta}\right)^{\gamma-1} = \beta^{1-\gamma}$$

因此

$$\eta = 1 - \beta^{1-\gamma}$$

可见热效率只依赖于压缩比,$\eta = 59.34\%$,实际效率只是此结果的一半稍大些,因为大量的热量耗散了,没有参与循环.

3. 在温度相等时,两边气体完全对称,所以活塞在正中央.左边气体用"1"表示,右边气体用"2"表示.

左边气体做等温变化,设活塞移动一个很小距离,导致左边气体体积减小 dV_1,压强增大 dp,由气态方程有

$$d(p_1 V_1) = nRdT = 0$$

展开即

$$(p_1 + dp)(V_1 - dV) = p_1 V_1$$

略去二阶小量后有

$$dp \cdot V_1 = p_1 dV \qquad ①$$

对右边气体有

$$p_2 V_2 = nRT \qquad ②$$
$$(p_2 + dp)(V_2 + dV) = nR(T + dT) \qquad ③$$

由③－②得

$$p_2 dV + dp \cdot V_2 = nRdT \qquad ④$$

由于两边气体压强相等,且开始时体积相等,便可设

$$p_1 = p_2 = p, \quad V_1 = V_2 = V \qquad ⑤$$

将①⑤两式代入式④得

$$2p dV = nRdT \qquad ⑥$$

对右边气体,外界对它做功

$$dW = -p dV$$

内能变化为

$$dE = nC_V dT$$

由热力学第一定律有

$$dQ = dE - dW = nC_V dT + pdV \qquad ⑦$$

对单原子分子气体有

$$C_V = \frac{3}{2}R \qquad ⑧$$

将⑥⑧两式代入式⑦得

$$dQ = 2RdT$$

即可得

$$c = \frac{dQ}{dT} = 2R$$

4. (1) 夏天，空调器为制冷机，单位时间从室内吸热 Q_2，向室外放热 Q_1，空调的平均功率为 P，则 $Q_1 = Q_2 + P$. 对可逆卡诺循环，有 $\dfrac{Q_1}{T_1} = \dfrac{Q_2}{T_2}$，$Q_2 = \dfrac{T_2}{T_1 - T_2}P$. 通过热传导传热 $Q = A(T_1 - T_2)$. 由 $Q = Q_2$ 得

$$T_1 - T_2 = \sqrt{\frac{P}{A} \cdot T_2}$$

$$T_2 = T_1 + \frac{1}{2}\left[\frac{P}{A} - \sqrt{\left(\frac{P}{A}\right)^2 + \frac{4PT_1}{A}}\right]$$

因空调连续工作，式中 $P = P_0$，则

$$T_2 = T_1 + \frac{1}{2}\left[\frac{P_0}{A} - \sqrt{\left(\frac{P_0}{A}\right)^2 + \frac{4P_0 T_1}{A}}\right]$$

(2) $T_2 = 293$ K，$P = 0.3P_0$，$T_1 = 303$ K，而所求的是 $P = P_0$ 时对应的 T_1 值，记为 $T_{1\text{max}}$，则

$$T_1 - T_2 = \sqrt{\frac{0.3P_0}{A} \cdot T_2}$$

$$T_{1\text{max}} - T_2 = \sqrt{\frac{P_0}{A} \cdot T_2}$$

解得

$$T_{1\text{max}} = T_2 + \frac{T_1 - T_2}{\sqrt{0.3}} = 311.26 \text{ K} = 38.26 \text{ ℃}$$

(3) 冬天，空调器为热机，单位时间从室外吸热 Q_1'，向室内放热 Q_2'，空调器连续工作，功率为 P_0，有 $Q_2' = Q_1' + P_0$，$\dfrac{Q_1'}{T_1'} = \dfrac{Q_2'}{T_2'}$，由热平衡方程得

$$T_1' = T_2 - \sqrt{\frac{P_0}{A} \cdot T_2} = T_2 - (T_{1\text{max}} - T_2)$$

$$= 2T_2 - T_{1\text{max}} = 274.74 \text{ K} = 1.74 \text{ ℃}$$

若空调器连续工作，则当冬天室外温度最低为 1.74 ℃时，仍可使室内维持在 20 ℃.

5. (1) 为获得最大的机械能，可设热机工作的全过程由 $n(n \to \infty)$ 个元卡诺循环组成. 第 i 次卡诺循环中，卡诺热机从高温热源（温度设为 T_i）处吸收热量 dQ_1 后，温度降为 T_{i+1}；在低温热源（温度设为 T_j）处放出热量 dQ_2 后，温度升高为 T_{j+1}. 满足

$$\frac{\mathrm{d}Q_1}{T_i} = \frac{\mathrm{d}Q_2}{T_j}$$

又

$$\mathrm{d}Q_1 = ms(T_i - T_{i+1}), \quad \mathrm{d}Q_2 = ms(T_{j+1} - T_j)$$

可知

$$\frac{T_i - T_{i+1}}{T_i} = \frac{T_{j+1} - T_j}{T_j}$$

令

$$\frac{T_i - T_{i+1}}{T_i} = \frac{T_{j+1} - T_j}{T_j} = \frac{A}{n} \quad (n \to \infty, A \text{ 为常数})$$

有

$$\frac{T_{i+1}}{T_i} = 1 - \frac{A}{n}, \quad \frac{T_{j+1}}{T_j} = 1 + \frac{A}{n}$$

所以经过 $n(n \to \infty)$ 次循环后,有

$$\frac{T_1}{T_0} \cdot \frac{T_2}{T_1} \cdot \frac{T_3}{T_2} \cdot \cdots \cdot \frac{T_n}{T_{n-1}} = \left(1 - \frac{A}{n}\right)^n$$

$$\frac{T_n}{T_0} = \left(1 - \frac{A}{n}\right)^n$$

对等号两边分别求极限,有

$$\lim_{n \to \infty} \frac{T_n}{T_0} = \frac{T_A}{T_0}$$

$$\lim_{n \to \infty} \left(1 - \frac{A}{n}\right)^n = \lim_{n \to \infty} \left(1 - \frac{A}{n}\right)^{\frac{n}{A} \cdot A} = \mathrm{e}^A$$

则

$$\frac{T_A}{T_0} = \mathrm{e}^A$$

即

$$A = \ln \frac{T_A}{T_0}$$

同理可得

$$A = \ln \frac{T_0}{T_B}$$

所以

$$\ln \frac{T_A}{T_0} = \ln \frac{T_0}{T_B}$$

$$T_0 = \sqrt{T_A T_B}$$

(2) 由卡诺热机的循环过程可知

$$W = Q_1 - Q_2 = ms \left(\sqrt{T_A} - \sqrt{T_B}\right)^2$$

(3) 根据题意代入数据即可得

$$W = 2.0 \times 10^7 \text{ J}$$

6. 最高温度和最低温度应处在直线过程 1—2 上,现写出 1—2 的直线过程方程:

$$p = \alpha - \beta V \qquad ①$$

或者

$$\beta V^2 - \alpha V + nRT = 0 \qquad ②$$

将 1、2 两态的参量代入式①,由联立方程得知

$$\alpha = \frac{255}{7} \text{ Pa}, \beta = \frac{31}{56} \text{ Pa/m}^3$$

由式②可知,直线过程中 T 有极大值 T_B:

$$\begin{cases} V_B = \dfrac{\alpha}{2\beta} = 32.9 \text{ m}^3 \\ p_B = \alpha - \beta V_B = 18.2 \text{ Pa} \\ T_B = T_{\max} = \dfrac{p_B V_B}{nR} = 721 \text{ K} \end{cases}$$

由图 2.28 可知 1—B 段升温,B—2 段降温.最低温度为

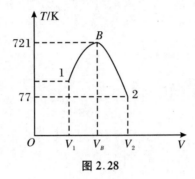

图 2.28

$$T_2 = T_{\min} = \frac{p_2 V_2}{nR} = 77 \text{ K} \qquad ③$$

气体循环对外界的功为$\left(\text{注意 } C_V = \dfrac{3R}{2}\right)$

$$W' = W'_{直线} + W'_{绝热} = \frac{1}{2}(p_1 + p_2)(V_2 - V_1) - nC_V(T_1 - T_2)$$

$$= \frac{1}{2}(p_1 + p_2)(V_2 - V_1) + \frac{3}{2}(p_2 V_2 - p_1 V_1)$$

$$= 636 \text{ J} \qquad ④$$

直线过程中吸热放热的转变点:由式②有

$$dT = \frac{\alpha - 2\beta V}{nR}dV \qquad ⑤$$

对于直线过程中任一微过程,有

$$dQ = dE + pdV = nC_V dT + pdV$$

$$= \left[\frac{C_V(\alpha - 2\beta V)}{R} + (\alpha - \beta V)\right]dV$$

$$= \left(\frac{5\alpha}{2} - 4\beta V\right)dV \qquad ⑥$$

令 $dQ=0$,得吸放热转变点 A:

$$\begin{cases} V_A = \dfrac{5\alpha}{8\beta} = 41.1 \text{ m}^3 \\[2mm] p_A = \alpha - \beta V_A = 13.7 \text{ Pa} \\[2mm] T_A = \dfrac{p_A V_A}{nR} = 677.6 \text{ K} \end{cases}$$

因此，1—A 段（$V < V_A$，$dQ > 0$）吸热，A—2 段（$V > V_A$，$dQ < 0$）放热．

该循环中仅 1—A 段吸热 Q_1：

$$Q_1 = (dE)_{1A} + W'_{1A} = nC_V(T_A - T_1) + \frac{1}{2}(p_1 + p_A)(V_A - V_1)$$

$$= \frac{3}{2}(p_A V_A - p_1 V_1) + \frac{1}{2}(p_1 + p_A)(V_A - V_1) = 1215 \text{ J} \qquad ⑦$$

效率为

$$\eta = \frac{W'}{Q_1} = \frac{636}{1215} = 52\%$$

7. A、B 终态温度记为 T_e，则

$$cm(T_e - T_0) = cm(2T_0 - T_e)$$

得到 $T_e = \dfrac{3}{2}T_0$．

为了计算 A 的熵变，假设 A 从初态到终态是非准静态过程，不能用此真实的过程计算其熵变．为此需设计一个接一个准静态过程，即每一个无穷小过程都是从初态 T 吸热 $dQ = cmdT$，到达末态 $T + dT$，则有

$$\Delta S_A = \int_{T_0}^{T_e} \frac{dQ}{T} = \int_{T_0}^{T_e} cm \frac{dT}{T} = cm\ln\frac{T_e}{T_0} > 0$$

同理对 B 有

$$\Delta S_B = \int_{2T_0}^{T_e} \frac{dQ}{T} = \int_{2T_0}^{T_e} cm \frac{dT}{T} = cm\ln\frac{T_e}{2T_0} < 0$$

故

$$\Delta S = \Delta S_A + \Delta S_B = cm\ln\frac{T_e^2}{2T_0^2} = cm\ln\frac{9}{8} > 0$$

8. 如图 2.29 所示，容器内的空气为等容吸热，则

$$Q_2 = C_V(T_1 - T_0) = \frac{5}{2}R(T_1 - T_0)$$

根据熵增原理得

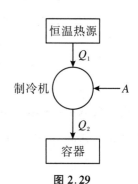

图 2.29

$$\Delta S = -\frac{Q_1}{T_0} + \int_{T_0}^{T_1} \frac{dQ}{T} + 0 = -\frac{Q_1}{T_0} + \int_{T_0}^{T_1} \frac{C_V dT}{T} \geqslant 0$$

$$Q_1 \leqslant T_0 C_V \ln\frac{T_1}{T_0} = \frac{5}{2}RT_0\ln\frac{T_1}{T_0}$$

故

$$W = Q_2 - Q_1 \geqslant \frac{5}{2}R(T_1 - T_0) - \frac{5}{2}RT_0\ln\frac{T_1}{T_0}$$

则制冷机消耗的最小功

$$W_{min} = \frac{5}{2}R\left(T_1 - T_0 - T_0\ln\frac{T_1}{T_0}\right)$$

第 3 章　光　　学

　　光学是物理学的重要组成部分,它主要研究光的传播、光与物质相互作用规律以及它们的应用.光学分几何光学、波动光学和量子光学.几何光学是以实验规律为基础,运用几何学的方法来研究光的传播和成像等问题的知识体系.波动光学是以波动理论为基础,研究光的干涉、衍射和偏振等现象的知识体系.量子光学是研究光与物质相互作用的某些现象,如黑体辐射、光电效应、康普顿效应等的知识体系.在本书中主要讲述几何光学和波动光学.

3.1　几何光学的实验定律

3.1.1　光的直线传播

　　我们能够看见的各种物体中,有的能自行发光,有的只能反射光.通常我们把能自行发光的物体,如电灯、蜡烛、萤火虫、太阳等,叫**光源**.

　　沿直线传播是光的最基本性质.在均匀介质中,光沿直线传播.如果介质是非均匀的,则光将会发生偏折,即不再沿着一条直线传播,但是总可以设法发现光传播的路径,这条路径是折线或曲线.

　　既然光总是沿着直线、折线或曲线传播,那么就可以用数学上的"线"来描述光的传播,这样的几何线叫"**光线**".于是光线就可以作为光的物理模型.

　　日常生活中的一些现象,如影的形成、小孔成像、日食月食等,都与光的直线传播有关.

　　光的独立传播是指几束光在交错时互不妨碍,仍按原来各自的方向传播.

　　1975 年,第 15 届国际计量大会把真空中的光速值定为

$$c = 299792458 \text{ m/s}$$

同时依此规定,将国际单位制中的长度单位"m"规定为"光在 $\dfrac{1}{299792458}$ s 的时间间隔内在真空中传播的距离".这样"m"有了一个新的标准.在通常的计算中,往往可取

$$c = 3.00 \times 10^8 \text{ m/s}$$

3.1.2　光的反射定律和折射定律

　　设介质 1、2 都是透明、均匀和各向同性的,且它们的分界面是平面(如果分界面不是平面,但曲率不太大时,以下结论仍适用).当一束光线由介质 1 射到分界面上时,在一般情形

下它将分解为两束光线:**反射线**和**折射线**(图 3.1).入射
线与分界面的法线构成的平面称为**入射面**,分界面法线
与入射线、反射线和折射线所成的夹角 i_1、i_1' 和 i_2 分别
称为**入射角**、**反射角**和**折射角**.实验表明:

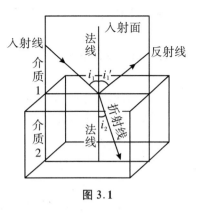

图 3.1

① 反射线与折射线都在入射面内.

② 反射角等于入射角:

$$i_1' = i_1 \qquad (3.1)$$

③ 入射角与折射角的正弦之比与入射角无关,是一
个与介质和光的波长有关的常数:

$$\frac{\sin i_1}{\sin i_2} = n_{12}(\text{常数}) \qquad (3.2)$$

比例常数 n_{12} 称为第二种介质相对第一种介质的折射率.上式有时称作**折射定律(斯涅耳定律)**.

任何介质相对于真空的折射率称为该种介质的**绝对折射率**,简称**折射率**.折射率较大的
介质称为**光密介质**,折射率较小的介质称为**光疏介质**.

实验还表明,两种介质 1、2 的相对折射率 n_{12} 等于它们各自的绝对折射率 n_2 与 n_1
之比:

$$n_{12} = \frac{n_2}{n_1} \qquad (3.3)$$

从而

$$n_{21} = \frac{1}{n_{12}}$$

用两种介质的绝对折射率 n_1 和 n_2 来表示,折射定律可写成

$$n_1 \sin i_1 = n_2 \sin i_2 \qquad (3.4)$$

应当指出,作为实验规律,几何光学三定律是近似的,它们只在空间障碍物以及反射和
折射界面的尺寸远大于光的波长时才成立.尽管如此,在很多情况下用它们来设计光学仪器
还是足够精确的.

3.1.3　全反射

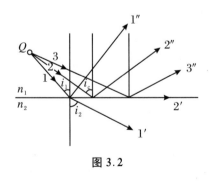

图 3.2

当光线从光密介质射向光疏介质时,$n_{12} < 1$,即 $n_2
< n_1$,由式(3.4)可以看出,折射角 i_2 大于入射角 i_1(见
图 3.2 中光线 1—1').当入射角增至某一数值

$$i_c = \arcsin \frac{n_2}{n_1} \qquad (3.5)$$

时,折射线消失,光线全部反射(见图 3.2 中光线 2—2').
这种现象称为**全反射**,i_c 称为**全反射临界角**.由水到空
气的全反射临界角约为 49°,由各种玻璃到空气的全反
射临界角在 30°~42° 范围.

当入射角增大时,光的强度变化情形如下:入射角 i_1 由小到大趋近临界角 i_c 时,折射光
的强度逐渐减小,反射光的强渡逐渐增大.i_1 达到或超过临界角 i_c 后,折射光的强度减到 0,
反射光的强度达到 100%.

全反射棱角和光导纤维都是全反射原理的应用.

3.1.4 棱角和色散

棱镜是由透明介质(如玻璃)做成的棱柱体,截面呈三角形的棱镜叫三棱镜.与棱边垂直的平面叫做棱镜的**主截面**.下面我们讨论光线在三棱镜主截面内折射的情况.

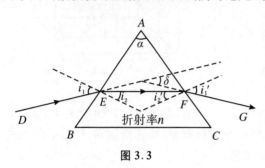

图 3.3

如图 3.3 所示,△ABC 是三棱镜的主截面,沿主截面入射的光线 DE 在界面 AB 上的 E 点发生第一次折射.光线在这里是由光疏介质进入光密介质的,折射角 i_2 小于入射角 i_1,光线偏向底边 BC.进入棱镜的光线 EF 在界面 AC 上的 F 点发生第二次折射,在这里光线是由光密介质进入光疏介质的,折射角 i_1' 大于入射角 i_2',出射光线进一步偏向底边 BC.光线经两次折射,传播方向总的变化可用入射线 DE 和出射线 FG 延长线的夹角 δ 来表示,δ 叫做**偏向角**.

由图 3.3 可以看出,δ 与 i_1、i_2、i_1'、i_2' 以及棱角 α 之间有如下几何关系:
$$\delta = (i_1 - i_2) + (i_1' - i_2') = (i_1 + i_1') - (i_2 + i_2')$$
$$\alpha = i_2 + i_2'$$
$$\delta = i_1 + i_1' - \alpha$$

上式表明,对于给定的棱角 α,偏向角 δ 随 i_1 而变.由实验得知,在 δ 随 i_1 的改变中,对于某一 i_1 值,偏向角有最小值 $\delta_{\min}$,称为**最小偏向角**.可以证明,产生最小偏向角的充要条件是
$$i_1 = i_1' \quad 或 \quad i_2 = i_2'$$

在此情况下有
$$n = \frac{\sin \dfrac{\alpha + \delta_{\min}}{2}}{\sin \dfrac{\alpha}{2}}$$

在棱角 α 已知的条件下,通过最小偏向角 $\delta_{\min}$ 的测量,利用上式可算出棱镜的折射率 n.

产生最小偏向角的条件可证明如下.δ 对 i_1 求导数,得
$$\frac{\mathrm{d}\delta}{\mathrm{d}i_1} = 1 + \frac{\mathrm{d}i_1'}{\mathrm{d}i_1}$$

产生最小偏向角的必要条件是
$$\frac{\mathrm{d}\delta}{\mathrm{d}i_1} = 0, \quad 即 \quad \frac{\mathrm{d}i_1'}{\mathrm{d}i_1} = -1$$

按折射定律
$$\begin{cases} n\sin i_2 = \sin i_1 \\ n\sin i_2' = \sin i_1' \end{cases}$$

取微分后得
$$\begin{cases} n\cos i_2 \mathrm{d}i_2 = \cos i_1 \mathrm{d}i_1 \\ n\cos i_2' \mathrm{d}i_2' = \cos i_1' \mathrm{d}i_1' \end{cases}$$

由上述两式得

$$\frac{\mathrm{d}i_1'}{\mathrm{d}i_1} = \frac{\cos i_1 \cos i_2'}{\cos i_2 \cos i_1'} \frac{\mathrm{d}i_2'}{\mathrm{d}i_2}$$

因 $\mathrm{d}i_2 = -\mathrm{d}i_2'$,故上式又可写为

$$\frac{\mathrm{d}i_1'}{\mathrm{d}i_1} = -\frac{\cos i_1 \cos i_2'}{\cos i_2 \cos i_1'}$$

所以产生最小偏向角的条件为

$$\frac{\cos i_1 \cos i_2'}{\cos i_2 \cos i_1'} = 1 \quad \text{或} \quad \frac{\cos i_1}{\cos i_2} = \frac{\cos i_1'}{\cos i_2'}$$

取上式的平方,得

$$\frac{1 - \sin^2 i_1}{n^2 - \sin^2 i_1} = \frac{1 - \sin^2 i_1'}{n^2 - \sin^2 i_1'}$$

上式只有当 $i_1 = i_1'$ 时才成立,此时 $i_2 = i_2'$ 亦成立. 这就是说,光线 DE 和 FG 对棱镜对称,$\triangle EFA$ 是等腰三角形. 在此情况下,得

$$i_2 = i_2' = \frac{\alpha}{2}, \quad i_1 = i_1' = \frac{\alpha + \delta_{\min}}{2}$$

可以证明,$\dfrac{\mathrm{d}^2 \delta}{\mathrm{d}i_1^2} = \dfrac{\mathrm{d}^2 i_1'}{\mathrm{d}i_1^2} > 0$,故上述必要条件也是产生最小偏向角的充分条件.

除几种全反射方面的用途外,棱镜主要的应用在于分光,即利用棱镜对不同波长的光有不同折射率的性质来分析光谱. 折射率 n 与光的波长有关,这一现象叫做**色散**. 当一束白光或其他非单色光射入棱镜时,由于折射率不同,不同波长(颜色)的光具有不同的偏向角 δ,从而出射线方向不同(图 3.4). 通常棱镜的折射率 n 是随波长

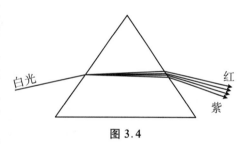

图 3.4

λ 的减小而增加的(正常色散),所以可见光中紫光偏折最大,红光偏折最小. 棱镜光谱仪便是利用棱镜的这种分光作用制成的. 它是研究光谱的重要仪器. 棱镜光谱仪中除了棱镜这个主要部件外,还有准直管、望远或摄影等辅助光路系统.

3.1.5 光路的可逆性原理

从几何光学的基本定律不难看出,如果光线逆着反射线方向入射,则这时的反射线将逆着原来的入射线方向传播(参见图 3.5);如果光线逆着折射线方向由介质 2 入射,则射入介质 1 的折射线也将逆着原来的入射线方向传播(参见图 3.6).也就是说,当光线的方向反转时,它将逆着同一路径传播.这个带有普遍性的结论称为**光路的可逆性原理**.今后不少场合这一原理将对我们有所帮助.

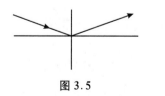

图 3.5

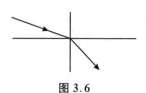

图 3.6

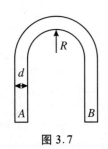

图 3.7

例 1 横截面为矩形的玻璃棒被弯成如图 3.7 所示的形状,一束平行光垂直地射入平表面 A 上.试确定通过表面 A 进入的光全部从表面 B 射出的 $\dfrac{R}{d}$ 的最小值.已知玻璃的折射率为 1.5.

解 如图 3.8 所示,从 A 外侧入射的光线在外侧圆界面上的入射角比从 A 内侧入射的光线的入射角要大,最内侧的入射光在外侧圆界面上的入射角 α 最小.如果最内侧光线在界面上恰好发生全反射,并且反射光线又刚好与内侧圆相切,则其余的光都能保证不仅在外侧圆界面上,而且在后续过程中都能够发生全反射,并且不与内侧圆相交.因此,抓住最内侧光线进行分析,使其满足相应条件即可.

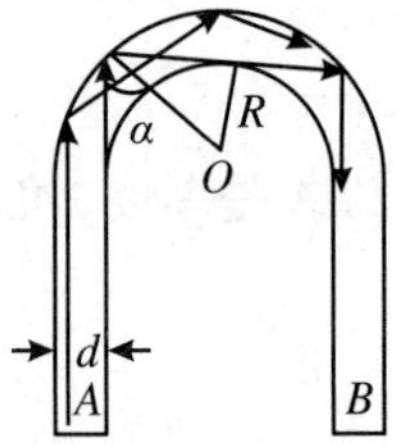

当最内侧光的入射角 α 大于或等于反射临界角时,入射光线可全部从 B 表面射出而没有光线从其他地方透出.即要求

$$\sin\alpha \geq \frac{1}{n}$$

而

$$\sin\alpha = \frac{R}{R+d}$$

所以

$$\frac{R}{R+d} \geq \frac{1}{n}$$

即

$$\frac{R}{d} \geq \frac{1}{n-1}$$

故

$$\left(\frac{R}{d}\right)_{\min} = \frac{1}{n-1} = \frac{1}{1.5-1} = 2$$

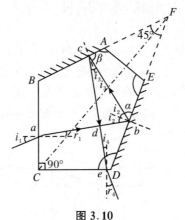

图 3.8

例 2 五角棱镜是光学仪器中常用的一种元件,如图 3.9 所示.棱镜用玻璃制成,BC、CD 两平面高度抛光,AB、DE 两平面高度抛光后镀银.试证明:经 BC 面入射的光线,不管其方向如何,只要它能经历两次反射(在 AB 与 DE 面上),与之相应的由 CD 面出射的光线必与入射光线垂直.

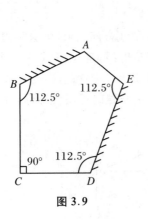

图 3.9

图 3.10

证明 如图 3.10 所示,以 i 表示入射角,i' 表示反射角,r 表示折射角,次序则以下标注

明.光线自透明表面的 a 点入射,在棱镜内反射两次,由 CD 面的 e 点出射.可以看出,在 DE 面的 b 点,入射角为

$$i_2 = r_1 + 22.5°$$

反射角为

$$i_2' = i_2 = r_1 + 22.5°$$

在四边形 $bEAc$ 中,

$$\alpha = 90° - i_2' = 90° - r_1 - 22.5° = 67.5° - r_1$$

而

$$\beta = 360° - 2 \times 112.5° - \alpha = 135° - (67.5° - r_1) = 67.5° + r_1$$

于是,

$$i_3' = i_3 = 90° - \beta = 22.5° - r_1$$

在 $\triangle cdb$ 中,

$$\angle cdb = 180° - (i_2 + i_2') - (i_3 + i_3') = 180° - 2(r_1 + 22.5°) - 2(22.5° - r_1) = 90°$$

这就证明了:进入棱镜内的第一条光线 ab 总是与第三条光线 ce 互相垂直.

由于棱镜的 $\angle C$ 是直角,$r_1 = 360° - 270° - \angle deC = 90° - \angle deC = i_4$.设棱镜的折射率为 n,根据折射定律有

$$\sin i_1 = n \sin r_1, \quad \sin r_4 = n \sin i_4$$

因为 $r_1 = i_4$,所以 $r_4 = i_1$ 总是成立的,而与棱镜折射率的大小及入射角 i_1 的大小无关.只要光路符合上面的要求,由 BC 面的法线与 CD 面的法线垂直,又有 $i_1 = r_4$,所以出射光线总是与入射光线垂直.

3.2 费 马 原 理

3.2.1 光程

光线在真空中传播距离 $\overline{QP}$ 所需的时间为

$$\tau_{\overline{QP}} = \frac{\overline{QP}}{c}$$

光线经过几种不同介质时(图 3.11),由 Q 经 M、N 直到 P 所需的时间为

$$\tau_{QP} = \sum_i \frac{\Delta l_i}{v_i} = \sum_i \frac{n_i \Delta l_i}{c} = \frac{(QMNP)}{c} \quad (3.6)$$

其中 Δl_i、v_i、n_i 分别是光线在第 i 种介质中的路程、速度和折射率,而

$$(QMNP)(或简写成(QP)) = \sum_i n_i \Delta l_i \quad (3.7)$$

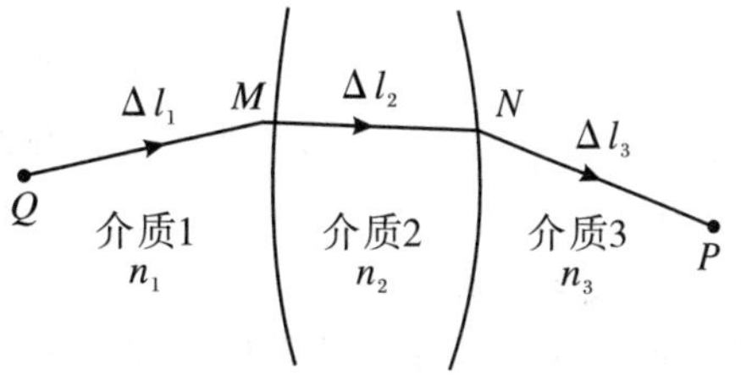

称为光线 $QMNP$ 的**光程**.若介质的折射率连续变化,则光程应为

图 3.11

$$(QP) = \int_{(L)P}^{Q} n\, dl \tag{3.8}$$

其中积分沿光线的路径 L. 从式(3.6)可以看出，"光程"可理解为在相同时间内光线在真空中传播的距离. 以后我们会看到，相位差的计算在波动光学中是十分重要的. 可以证明，相位差 $\varphi(P) - \varphi(Q)$ 与光程 (QP) 成正比，从而可以用光程差的计算代替相位差的计算.

3.2.2　费马原理的表述

光程的概念对几何光学的重要意义体现在费马原理中. 几何光学的基础本是 3.1 节所述的三个实验定律，费马用光程的概念高度概括地把它们归结成一条统一的原理. 费马原理的表述为：**Q、P 两点间光线的实际路径是光程 (QP)（或者说所需的传播时间 τ_{QP}）为平稳的路径.**

以上表述，特别是其中"平稳"一词，有些费解. 在微分学中说一个函数 $y = f(x)$ 在某处平稳，是指它的一阶微分 $dy = 0$. 在这里函数可以具有极小值($d^2 y > 0$)，也可以有极大值($d^2 y < 0$)，还可以有其他情况（如拐点，甚至是常数等）. 在费马原理的表述中"平稳"一词的含义本此. 若用严格的数学语言来表述，就是在光线的实际路径上光程的变分为 0：

$$\delta(QP) = \delta \int_{(L)P}^{Q} n\, dl = 0 \tag{3.9}$$

我们将在下面遇到的多数场合里，光程具有极小值或恒定值，少数场合里是极大值，因此我们可在这些较狭隘的意义下理解它.

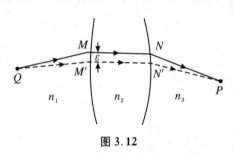

图 3.12

在微分学中，所谓"极小""极大"或"平稳"都是对自变量的无穷小变化而言的. 式(3.9)中的积分与路径 L 有关. 所谓"极小""极大"或"平稳"是对路径的无穷小变化而言的. 如图 3.12 所示，设 $QMNP$ 是光线的实际路径，今在其附近取任一其他路径 $QM'N'P$，两者间的距离处处小于某个无穷小量 ε. 所谓光程 $(QMNP)$ 极小（或极大），就是它小于（或大于）所有附近路径的光程 $(QM'N'P)$；所谓光程 $(QMNP)$ 具有恒定值，就是它和附近所有路径的光程 $(QM'N'P)$ 相等.

3.2.3　由费马原理推导几何光学三定律

前已述及，费马原理比几何光学三定律具有更高的概括性，由它可以推导出这三个定律来. 在均匀介质中光的直线传播定律是费马原理的显然推论，下面看反射定律和折射定律.

1. 反射定律

考虑由 Q 发出经反射面 Σ 到达 P 的光线. 相对于 Σ 取 P 的镜像对称点 P'（图 3.13），从 Q 到 P 任一可能路径 $QM'P$ 的长度与 $QM'P'$ 相等. 显然，直线 QMP' 是其中最短的一条，从而路径 QMP 的长度最短. 根据费马原理，

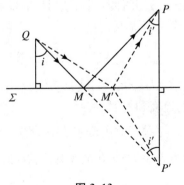

图 3.13

QMP 是光线的实际路径.由对称性不难看出 $i = i'$.

2. 折射定律

图 3.14 中的 Σ 是折射面.考虑由 Q 出发经 Σ 折射到达 P 的光线.作 $QQ' \perp \Sigma, PP' \perp \Sigma$.因 QQ' 与 PP' 平行,故而共面,我们称此平面为 Π.考虑从 Q 经折射面 Σ 上任一点 M' 到 P 的光线 $QM'P$.由 M' 作垂足 Q'、P' 连线的垂线 $M'M$,不难看出 QM $< QM', PM < PM'$,即光线 $QM'P$ 在 Π 上的投影 QMP 比 $QM'P$ 本身的光程更短.可见光程最短的路径应在 Π 内寻找.在 Π 内,令 $\overline{QQ'} = h_1, \overline{PP'} = h_2$, $\overline{Q'P'} = p, \overline{Q'M} = x$,则

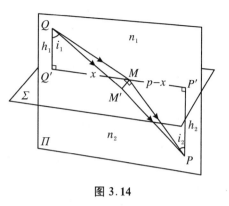

图 3.14

$$(QMP) = n_1 \overline{QM} + n_2 \overline{MP} = n_1 \sqrt{h_1^2 + x^2} + n_2 \sqrt{h_2^2 + (p - x)^2}$$

式中 n_1、n_2 为 Σ 两边介质的折射率.取上式对 x 的微商,得

$$\frac{\mathrm{d}}{\mathrm{d}t}(QMP) = \frac{n_1 x}{\sqrt{h_1^2 + x^2}} - \frac{n_2(p - x)}{\sqrt{h_2^2 + (p - x)^2}}$$

由光程极小的条件 $\dfrac{\mathrm{d}(QMP)}{\mathrm{d}x} = 0$,即得 $n_1 \sin i_1 = n_2 \sin i_2$.

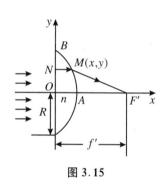

图 3.15

例 1　一平凸透镜的折射率为 n,放置在空气中,透镜面孔的半径为 R.在透镜外主光轴上取一点 F',$OF' = f'$ (图 3.15).当平行光沿主光轴入射时,为使所有光线均会聚于 F' 点.试问:(1)透镜凸面应取什么形状? (2)透镜顶点 A 与点 O 相距多少? (3)对透镜的孔径 R 有何限制?

解　根据费马原理,以平行光入射并会聚于 F' 的所有光线应有相等的光程,即最边缘的光线 BF' 与任一条光线 NMF' 的光程应相等.由此可以确定凸面的方程.其余问题亦可迎刃而解.

(1)取 Oxy 坐标系,如图 3.15 所示,由光线 BF' 和 NMF' 的等光程性,得

$$nx + \sqrt{(f' - x)^2 + y^2} = \sqrt{f'^2 + R^2}$$

整理后,得到任一点 $M(x, y)$ 的坐标 x、y 应满足的方程为

$$(n^2 - 1)\left(x - \frac{n\sqrt{f'^2 + R^2} - f'}{n^2 - 1}\right) - y^2 = \frac{(nf' - \sqrt{f'^2 + R^2})^2}{n^2 - 1}$$

令 $x_0 = \dfrac{n\sqrt{f'^2 + R^2} - f'}{n^2 - 1}, a = \dfrac{nf' - \sqrt{f'^2 + R^2}}{\sqrt{n^2 - 1}}$,则上式变为

$$(n^2 - 1)(x - x_0)^2 - y^2 = a^2$$

这是双曲线的方程,由旋转对称性,透镜的凸面应是旋转双曲面.

(2)透镜顶点 A 的位置应满足

$$(n^2 - 1)(x_A - x_0)^2 = a^2$$

或者

$$x_A = x_0 - \frac{a}{\sqrt{n^2 - 1}} = \frac{\sqrt{f'^2 + R^2} - f'}{n - 1}$$

可见,对于一定的 n 和 f',x_A 由 R 决定.

(3) 因点 F' 在透镜外,即 $x_A \leqslant f'$,这是对 R 的限制条件,有

$$\frac{\sqrt{f'^2 + R^2} - f'}{n - 1} \leqslant f'$$

即要求

$$R \leqslant \sqrt{n^2 - 1} f'$$

讨论 在极限情形,即 $R \leqslant \sqrt{n^2-1} f'$ 时,有如下结果:

$$x_A = \frac{\sqrt{f'^2 + (n^2 - 1)f'^2} - f'}{n - 1} = f'$$

即点 A 与点 F' 重合.又因

$$x_0 = \frac{n^2 f' - f'}{n^2 - 1} = f', a = 0$$

故透镜凸面的双曲线方程变为

$$(n^2 - 1)(x - f')^2 - y^2 = 0$$

即

$$y = \pm \sqrt{n^2 - 1}(x - f')$$

双曲线退化成过点 F' 的两条直线,即这时透镜的凸面变成以 F' 为顶点的圆锥面,如图 3.16 所示.考虑任意一条入射光线 MN,由折射定律有 $n\sin\theta = \sin\theta_t$,由几何关系有

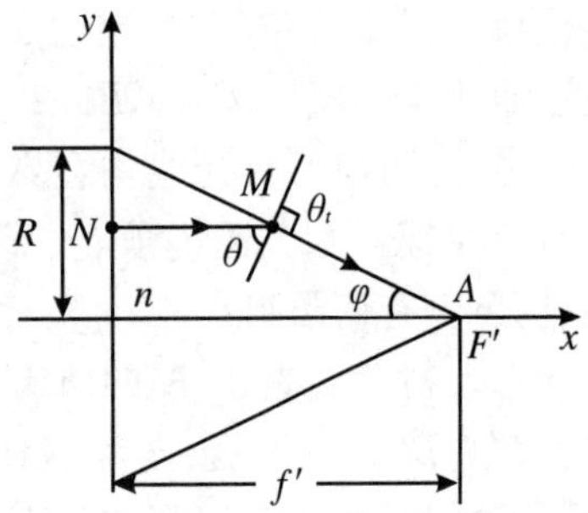

$$\sin\theta = \cos\varphi = \frac{f'}{\sqrt{f'^2 + R^2}}$$

故

$$\sin\theta_t = \frac{nf'}{\sqrt{f'^2 + R^2}} = 1, \quad \theta_t = \frac{\pi}{2}$$

图 3.16

即所有入射的平行光线折射后均沿圆锥面到达点 F',此时的角 θ 就是全反射的临界角.

3.3 物 和 像

3.3.1 实物和虚物 实像和虚像

各光线本身或其延长线交于同一点的光束,叫**同心光束**,在各向同性介质中它对应于球面波,例如,从一点光源发出的光束便是同心光束.由若干反射面或折射面组成的光学系统叫做**光具组**,例如平面镜(一个反射平面)、透镜(两个折射球面)以及更复杂的光学仪器,都可称为光具组.如果一个以 Q 点为中心的同心光束经光具组的反射或折射后转化为另一以 Q' 点为中心的同心光束,我们说光具组使 Q 成像于 Q'.Q 称为**物点**,Q' 称为**像点**.若出射的

同心光束是会聚的(图 3.17(a)(c)),我们称像点 Q' 为**实像**;若出射的同心光束是发散的(图 3.17(b)(d)),我们称像点 Q' 为**虚像**.

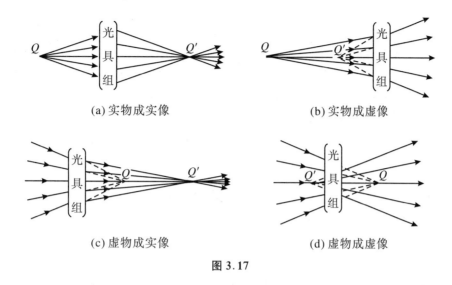

(a) 实物成实像　　　　　　　　(b) 实物成虚像

(c) 虚物成实像　　　　　　　　(d) 虚物成虚像

图 3.17

3.3.2　物像的共轭性

一个能使任何同心光束保持同心性的光具组称为**理想光具组**.理想光具组将空间每个物点 Q 和相应的像点 Q' 组成一对一的映射关系.为了讨论问题的方便,我们把由物点组成的空间和由像点组成的空间从概念上区分开来,前者称为**物方**或**物空间**,后者称为**像方**或**像空间**.由于物空间包含了所有实的和虚的物点,它不仅是光具组前面的那部分空间,而且要延伸到光具组之后;同样地,由于像空间包含了所有实的和虚的像点,它也不仅是光具组后面的那部分空间,而且要延伸到光具组之前.所以物方和像方两个空间实际上是重叠在一起的.在一个问题中为了区分空间某个点属于物方还是像方,不是看它在光具组之前还是之后,而要看它是与入射光束相联系还是与出射光束相联系.

物方和像方的点不仅一一对应,而且根据光的可逆性原理,如果将发光点移到原来像点的位置 Q' 上,并使光线沿反方向射入光具组,它的像将成在原来物点的位置 Q 上.这样一对互相对应的点 Q 和 Q' 称为**共轭点**.

3.3.3　物像之间的等光程性

由费马原理可导出一个重要结论:物点 Q 和像点 Q' 之间各光线的光程都相等.这便是**物像之间的等光程性**.

实物和实像之间的等光程性很容易证明.如图 3.18 所示,在从 Q 到 Q' 的同心光束间连续分布着无穷多条实际的光线路径.根据费马

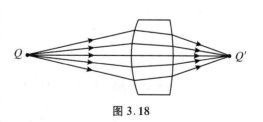

图 3.18

原理,它们的光程都应取极值或恒定值,这些连续分布的实际光线的光程都取极大值或极小值是不可能的,唯一的可能性是取恒定值,即它们的光程都相等.

3.3.4 等光程面

给定 Q、Q' 两点,若有这样一个曲面,凡是从 Q 出发经它反射或折射后到达 Q' 的光线都是等光程的,这样的曲面叫做**等光程面**.显然,对于等光程面,Q 和 Q' 是一对物像共轭点,以 Q 为中心的同心光束经等光程面反射或折射后,严格地转化为以 Q' 为中心的同心光束.

1. 反射等光程面

设从 Q 到 Q' 的光线与等光程面相遇的点为 M,则反射等光程面方程为

$$\overline{QM} + \overline{MQ'} = \text{常量(实像)} \tag{3.10}$$

或

$$\overline{QM} - \overline{MQ'} = \text{常量(虚像)} \tag{3.11}$$

满足式(3.10)的曲面是以 Q、Q' 为焦点的旋转椭球面(图3.19(a)),在 Q 或 Q' 之一为无穷远点,即入射光束或出射光束之一为平行光束的极限情形下,曲面退化为旋转抛物面(图3.19(b)).满足式(3.11)的曲面是以 Q、Q' 为焦点的旋转双曲面(图3.19(c)),当式中常量 $=0$ 时,曲面退化为平面(图3.19(d)).以上便是所有可能的反射等光程面,其中反射平面是前面已提到的平庸例子,能产生和接收平行光束的抛物反射面在探照灯、望远镜中有着实际的应用.

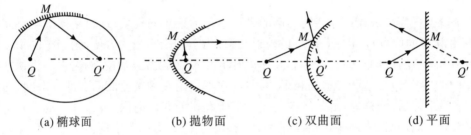

(a) 椭球面 (b) 抛物面 (c) 双曲面 (d) 平面

图 3.19

2. 折射等光程面和齐明点

一般地说,折射等光程面是四次曲面(笛卡儿卵形面),这种形状加工不易,下面只讨论

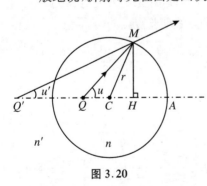

图 3.20

折射球面,看它是否可能成为某对共轭点的等光程面.如图3.20所示,设球的半径为 r,球心在 C 点,球内外介质的折射率分别是 n 和 n',并设 $n > n'$.研究表明,这里存在一对共轭点 Q、Q',它们到球心的距离分别是

$$\overline{QC} = \frac{n'}{n}r, \quad \overline{Q'C} = \frac{n}{n'}r \tag{3.12}$$

由于对称性,Q、Q' 必与 C 共线,此线叫做**光轴**.Q、Q' 间各光线的等光程性证明如下:在球上取任一点 M,由于式(3.12),$\triangle QMC$ 与 $\triangle MQ'C$ 相似,故

$$\frac{\overline{QM}}{\overline{MQ'}} = \frac{\overline{MC}}{\overline{Q'C}} = \frac{n'}{n}$$

即光程$(QMQ') = n\,\overline{QM} - n'\,\overline{MQ'} = 0$(与 M 无关).应注意,$\overline{MQ'}$ 这段光程是虚的,Q' 是 Q

的虚像.

　　顺便提起,角度 $u = \angle MQA$、$u' = \angle MQ'A$ 和距离$\overline{QA}$、$\overline{AQ'}$之间存在下列关系:

$$\frac{\sin u}{\sin u'} = \frac{\overline{AQ'}}{\overline{QA}} \tag{3.13}$$

Q、Q'这对共轭点叫做折射球面的**齐明点**.齐明点的概念和式(3.13)将在以后用到.

3.4　共轴球面组傍轴成像

3.4.1　单球面折射成像

　　如图 3.21 所示,Σ 为折射球面.设其半径为 r,球心位于 C,顶点(与光轴的交点)为 A,前后介质的折射率分别为 n 和 n'.从轴上物点 Q 引一条入射光线与 Σ 相遇于 M,折射后重新交光轴于 Q'.令

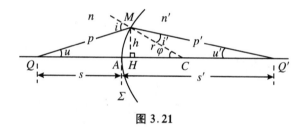

图 3.21

$$\overline{QA} = s, \quad \overline{AQ'} = s', \quad \overline{QM} = p, \quad \overline{MQ'} = p'$$

QM、MQ'以及半径 CM 与光轴的夹角分别为 u、u'和 φ,入射角为 i,折射角为 i'.我们的任务是寻求任意入射线 QM 经 Σ 折射后的出射线 MQ',这是一个光线追迹问题.两光线可分别用(s,u)和(s',u')来表征,或者用 s、s'和 φ 来表征.可资利用的关系式在物理上有斯涅耳折射定律:

$$n\sin i = n'\sin i' \tag{3.14}$$

在几何上有

$$i - u = i' + u' = \varphi \tag{3.15}$$

$$\begin{cases} \dfrac{p}{\sin\varphi} = \dfrac{s + r}{\sin i} = \dfrac{r}{\sin u} & (3.16) \\[4mm] \dfrac{p'}{\sin\varphi} = \dfrac{s' - r}{\sin i'} = \dfrac{r}{\sin u'} & (3.17) \end{cases}$$

或

$$\begin{cases} p^2 = (s + r)^2 + r^2 - 2r(s + r)\cos\varphi & (3.18) \\ p'^2 = (s' - r)^2 + r^2 - 2r(s' - r)\cos\varphi & (3.19) \end{cases}$$

　　为了便于分析问题,我们将上列公式进行改写:

$$\frac{p}{n(s+r)} = \frac{p'}{n'(s'-r)} \tag{3.20}$$

此外,式(3.18)、式(3.19)可改写为

$$\begin{cases} p^2 = s^2 + 4r(s+r)\sin^2\dfrac{\varphi}{2} & (3.21) \\[2mm] p^2 = s'^2 + 4r(s'-r)\sin^2\dfrac{\varphi}{2} & (3.22) \end{cases}$$

取式(3.20)的平方,然后将式(3.21)、式(3.22)代入,可整理成如下形式:

$$\frac{s^2}{n^2(s+r)^2} - \frac{s'^2}{n'^2(s'-r)^2} = -4r\sin^2\frac{\varphi}{2}\left[\frac{1}{n^2(s+r)} - \frac{1}{n'^2(s'-r)}\right] \tag{3.23}$$

给定 s 和 φ,可由上式定出 s'. 一般说来,s' 是与 φ 有关的.这就是说,由 Q 点发出的不同倾角的光线折射后不再与光轴交于同一点,亦即光束丧失了它的同心性.从成像的角度来讨论问题,我们关心的是在什么条件下 s' 将与 φ 无关,从而 Q 成像于 Q'.一种可能性是我们要求宽光束成像,这可通过令式(3.23)的左端和右端同时为零:

$$\begin{cases} \dfrac{s^2}{n^2(s+r)^2} - \dfrac{s'^2}{n'^2(s'-r)^2} = 0 & (3.24) \\[2mm] \dfrac{1}{n^2(s+r)} - \dfrac{1}{n'^2(s'-r)} = 0 & (3.25) \end{cases}$$

这组联立方程将把 s 和 s' 同时确定下来,亦即宽光束成像只能在个别共轭点上实现.

3.4.2 焦距、物像距公式

在图 3.21 中,引 M 点到光轴的垂线 MH,令此高度 $\overline{MH} = h$. 对于**轴上物点**来说,**傍轴条件**可表述为

$$h^2 \ll s^2, s'^2 \text{ 和 } r^2 \tag{3.26}$$

若用角度来表示,则有

$$u^2, u'^2 \text{ 和 } \varphi^2 \ll 1 \tag{3.27}$$

由于有式(3.15),上式将意味着 i^2 和 $i'^2 \ll 1$.

在傍轴条件下,式(3.23)中正比于 $\sin^2\dfrac{\varphi}{2}$ 的项可忽略,于是得到

$$\frac{s^2}{n^2(s+r)^2} = \frac{s'^2}{n'^2(s'-r)^2}$$

上式两端开方取倒数后除以 r,可整理成如下形式:

$$\frac{n'}{s'} + \frac{n}{s} = \frac{n'-n}{r} \tag{3.28}$$

上式表明,对于任一个 s,有一个 s',它与 φ 角无关.这就是说,在傍轴条件下,轴上任意物点 Q 皆可成像于某个 Q' 点,故式中的 s 和 s' 可分别称为**物距**和**像距**.式(3.28)便是单个折射球面的物像距公式.

轴上无穷远像点的共轭点称为**物方焦点**(或**第一焦点、前焦点**,记作 F);轴上无穷远物点的共轭像点称为**像方焦点**(或**第二焦点、后焦点**,记作 F').它们到顶点 A 的距离分别叫做**物方焦距**(或**第一焦距、前焦距**)和**像方焦距**(或**第二焦距、后焦距**),记作 f 和 f'.依次令式(3.28)中 $s' = \infty$, $s = f$ 和 $s = \infty$, $s' = f'$,可得物、像方焦距的公式:

$$f = \frac{nr}{n'-n}, \quad f' = \frac{n'r}{n'-n} \tag{3.29}$$

两者之比为

$$\frac{f}{f'} = \frac{n}{n'} \tag{3.30}$$

物像距公式(3.28)可用焦距表示为

$$\frac{f'}{s'} + \frac{f}{s} = 1 \tag{3.31}$$

上面就一种特殊情形求得了物像距公式(3.28)、(3.31)和焦距公式(3.29),在这种情形里,实物点 Q 成实像点 Q'. 一般来说,物和像都有实、虚两种可能性. 此外球心 C 在哪一侧也有两种可能性,不同情形的公式之间差别仅在于各项的正负号不同. 可以约定一种正负号法则,把所有这些情形的公式统一起来. 这类法则不是唯一的,我们采用下列一种.

设入射光从左到右,我们规定:

(Ⅰ) 若 Q 在顶点 A 之左(实物),则 $s>0$;若 Q 在 A 之右(虚物),则 $s<0$.

(Ⅱ) 若 Q' 在顶点 A 之左(虚像),则 $s'<0$;若 Q' 在 A 之右(实像),则 $s'>0$.

(Ⅲ) 若球心 C 在顶点 A 之左,则半径 $r<0$;若 Q 在 A 之右,则 $r>0$.

焦距 f、f' 是特殊的物、像距,对它们正负的规定分别与 s、s' 相同.

有了上述正负号的约定,物像距公式(3.28)、(3.31)和焦距公式(3.29)将对上述所有情况适用,成为傍轴条件下球面折射的普遍公式. 读者可挑选几种情形验证一下. 为了推导的方便,作图时其中距离总用绝对值标示. 例如,图 3.22(a)中的 r、s' 和图 3.22(b)中的 s 都是负的,图中分别用它们的绝对值 $|r|=-r$、$|s'|=-s'$ 和 $|s|=-s$ 标示. 以上标示法下面将一直沿用,并推广到角度、横向距离等其他量.

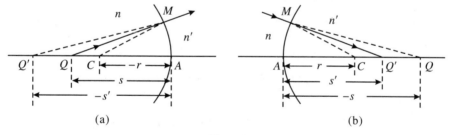

图 3.22

对于反射情形,由于反射线的方向倒转为从右到左,需将上述像距的规定(Ⅱ)改变如下:

(Ⅱ') 若 Q' 在顶点 A 之左(实像),则 $s'>0$;若 Q' 在 A 之右(虚像),则 $s'<0$.

傍轴条件下反射球面成像的普遍物像距公式为

$$\frac{1}{s'} + \frac{1}{s} = -\frac{2}{r} \tag{3.32}$$

焦距公式为

$$f = f' = -\frac{r}{2} \tag{3.33}$$

这时 F、F' 两个焦点是重合的.

3.4.3 像的横向放大率

设想将图 3.21 绕球心 C 转一很小的角度 φ，Q 和 Q' 将分别转到 P 和 P' 点（图 3.23）. 由于球对称性，P 和 P' 必然也是共轭点，这就证明了傍轴物点成像. $\overset{\frown}{PQ}$ 和 $\overset{\frown}{P'Q'}$ 分别是以 C 为中心的两个球面上的弧线，因 φ 很小，它们都可近似地看做是光轴的垂线，而那两个球面也可看做是垂直于光轴的小平面，下面分别用 Π 和 Π' 表示. 在上述推论中，小角度 φ 是任意的，故上述结论对 Π、Π' 上的其他点也都适用. 这就是说，Π 上所有的点都成像在 Π' 上（当然只限于傍轴区域）. Π 和 Π' 这样一对由共轭点组成的平面叫做**共轭平面**，其中 Π 叫**物平面**，Π' 叫**像平面**.

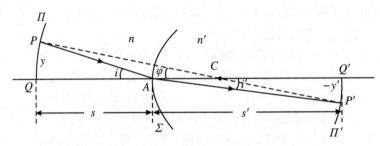

图 3.23

令共轭点 P、P' 到光轴的距离分别为 y、y'. 轴外共轭点的傍轴条件为

$$y^2, y'^2 \ll s^2, s' \text{ 和 } r^2 \tag{3.34}$$

对 y、y' 的正负号作如下规定：

（Ⅳ）若 P（或 P'）在光轴上方，则 y（或 y'）>0；若在光轴下方，则 y（或 y'）<0.

引入**横向放大率**的概念，其定义为

$$V = \frac{y'}{y} \tag{3.35}$$

$|V|>1$ 表示放大，$|V|<1$ 表示缩小. 此外，按照正负号法则（Ⅳ），$V>0$ 表示像是正立的，$V<0$ 表示像是倒立的.

为了推导横向放大率的计算公式，在图 3.23 中作入射线 PA，它在 Σ 上折射后必通过共轭点 P'，且 $\angle PAQ = i$ 和 $\angle P'AQ' = i'$ 分别为入射角和折射角. 在傍轴近似下 $ni \approx n'i'$，因

$$i \approx \frac{\overline{PQ}}{\overline{QA}} = \frac{y}{s}, \quad i' = \frac{\overline{P'Q'}}{\overline{AQ'}} = -\frac{y'}{s'}$$

于是得到折射球面的横向放大率公式为

$$V = -\frac{ns'}{n's} \tag{3.36}$$

用类似的方法可以证明，反射球面的横向放大率公式为

$$V = -\frac{s'}{s} \tag{3.37}$$

上两式表明，对于给定的一对共轭平面，放大率是与 y 无关的常数. 这就保证了一对共轭平面内几何图形的相似性.

3.4.4　逐次成像

前面仅仅讨论了单个球面上的成像问题,要把得到的结果用到共轴球面组,可采用逐次成像法.以折射为例,如图 3.24 所示,物 PQ 经 Σ_1 成像于 $P'Q'$;然后把 $P'Q'$ 当作物,经 Σ_2 成像于 $P''Q''$,等等.如此下去,直到最后一个球面为止.对每次成像过程列出物像距公式和横向放大率公式:

$$\frac{n'}{s'_1} + \frac{n}{s_1} = \frac{n'-n}{r_1}, \quad \frac{n''}{s'_2} + \frac{n'}{s_2} = \frac{n''-n'}{r_2}, \quad \cdots \tag{3.38}$$

或

$$\frac{f'_1}{s'_1} + \frac{f_1}{s_1} = 1, \quad \frac{f'_2}{s'_2} + \frac{f_2}{s_2} = 1, \quad \cdots \tag{3.39}$$

和

$$V_1 = -\frac{ns'_1}{n's_1}, \quad V_2 = -\frac{n's'_2}{n''s_2}, \quad \cdots \tag{3.40}$$

最后,总的放大率 V 是 V_1、V_2、$\cdots$的乘积.

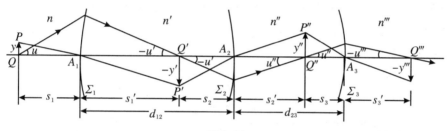

图 3.24

从原则上讲,逐次成像法可以解决任何数目的共轴球面问题,不过要从这里得到整个光具组物方量和像方量之间的一般关系式是较难的,因为上述公式都包含物距、像距这类量,它们在逐次成像的过程中计算的起点 A_1、A_2、$\cdots$每次都要改变.它们之间的换算关系是

$$s_2 = d_{12} - s'_1, \quad s_3 = d_{23} - s'_2, \quad \cdots \tag{3.41}$$

式中 $d_{12} = \overline{A_1 A_2}$,$d_{23} = \overline{A_2 A_3}$,$\cdots$.把式(3.41)代入式(3.38)~式(3.40)后,很难从中把那些中间像的位置消去.

例 1　有一薄平凸透镜,凸面曲率半径 $R = 30$ cm.已知在近轴光线时,若将此透镜的平面镀银,其作用等于一个焦距是 30 cm 的凹面镜;若将此透镜的凸面镀银,其作用也等同于一个凹面镜,求其等效焦距.

解　当透镜的平面镀银时,其作用等同于焦距是 30 cm 的凹面镜,即这时透镜等效于曲率半径为 60 cm 的球面反射镜.由凹面镜的成像性质,当物点置于等效曲率中心时,任一近轴光线经凸面折射,再经平面反射后将沿原路返回,再经凸面折射后,物像重合,如图 3.25 所示. $i = ni'$,$i = u + i'$,$n = 1 + \dfrac{u}{i'}$.依题意,$u = \dfrac{h}{60}$,$i' = \dfrac{h}{30}$,故 $n = 1.5$.

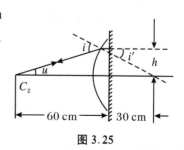

图 3.25

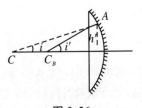

图 3.26

凸面镀银，光路如图 3.26 所示.关键是寻找等效曲率中心，通过凸面上任一点 A 作一垂直于球面指向曲率中心 C 的光线.此光线经平面折射后交至光轴于 C_B，令 $\overline{C_BO}=r$，则 $ni=i',i=\dfrac{h'}{R},i'=\dfrac{h'}{r}$，得 $r=\dfrac{R}{n}=20\text{ cm}.$

由光的可逆性原理知，C_B 是等效凹面镜的曲率中心，$f=10\text{ cm}.$

3.5　薄透镜成像

3.5.1　焦距公式

透镜是由两个折射球面组成的光具组(图 3.27).两球面间是构成透镜的介质(通常是玻璃)，其折射率记作 n_L.透镜前后介质的折射率(物方折射率和像方折射率)分别记作 n 和 n'.在大多数场合，物方和像方的介质都是空气，$n=n'\approx 1$，今后我们也会遇到少数情况，其中物方和像方的折射率不同.

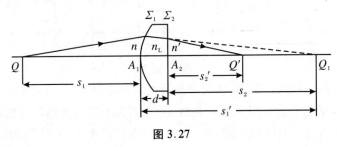

图 3.27

分别写出两折射球面的物像距公式：

$$\frac{f_1'}{s_1'}+\frac{f_1}{s_1}=1,\quad \frac{f_2'}{s_2'}+\frac{f_2}{s_2}=1$$

由图 3.27 可以看出，$-s_2=s_1'-d$，即 $s_2=d-s_1'$，这里 $d=\overline{A_1A_2}$ 为透镜的厚度.d 很小的透镜称为**薄透镜**.在薄透镜中 A_1 和 A_2 几乎重合为一点，这个点叫做透镜的**光心**，今后记作 O.薄透镜的物距 s 和像距 s' 都从光心 O 算起，于是 $s=\overline{QO}\approx s_1,s'=\overline{OQ'}\approx s_2'$，此外，$-s_2\approx s_1'$，代入上面两式，消去 s_2 和 s_1'，可得

$$\frac{f_1'f_2'}{s'}+\frac{f_1f_2}{s}=f_1'+f_2 \tag{3.42}$$

依次令上式中 $s'=\infty,s=f$ 和 $s=\infty,s=f'$，即得薄透镜的焦距：

$$f'=\frac{f_1'f_2'}{f_1'+f_2},\quad f=\frac{f_1f_2}{f_1'+f_2} \tag{3.43}$$

把单球面的焦距公式用于透镜两界面可得

$$\begin{cases} f_1 = \dfrac{nr_1}{n_L - n}, \\ f_1' = \dfrac{n_L r_1}{n_L - n} \end{cases} \quad \begin{cases} f_2 = \dfrac{n_L r_2}{n' - n_L} \\ f_2' = \dfrac{n' r_2}{n' - n_L} \end{cases}$$

代入式(3.43),即得薄透镜的焦距公式:

$$\begin{cases} f = \dfrac{n}{\dfrac{n_L - n}{r_1} + \dfrac{n' - n_L}{r_2}} \\ f' = \dfrac{n'}{\dfrac{n_L - n}{r_1} + \dfrac{n' - n_L}{r_2}} \end{cases} \tag{3.44}$$

两者之比为

$$\frac{f}{f'} = \frac{n}{n'} \tag{3.45}$$

在物像方折射率 $n = n' \approx 1$ 的情况下,

$$f = f' = \frac{1}{(n_L - 1)\left(\dfrac{1}{r_1} - \dfrac{1}{r_2}\right)} \tag{3.46}$$

上式给出薄透镜焦距与折射率、曲率半径的关系,称为**磨镜者公式**.

具有实焦点(f 和 $f' > 0$)的透镜叫做**正透镜**或**会聚透镜**,具有虚焦点(f 和 $f' < 0$)的透镜叫做**负透镜**或**发散透镜**.因为 $n_L > 1$,由式(3.46)可见,会聚透镜要求 $\dfrac{1}{r_1} > \dfrac{1}{r_2}$,发散透镜要求 $\dfrac{1}{r_1} < \dfrac{1}{r_2}$.应注意,$r_1$ 和 r_2 都是可正可负的代数量,以上每个不等式都包含多种可能性.归纳起来,会聚透镜的共同特点是中央厚、边缘薄,这类透镜称**凸透镜**;发散透镜的共同特点是边缘厚、中央薄,这类透镜统称**凹透镜**.当然,这是指透镜材料折射率大于两侧折射率的情况.

3.5.2　成像公式

利用式(3.43)中 f 和 f' 的表达式,可将式(3.42)通过 f、f' 表示出来:

$$\frac{f'}{s'} + \frac{f}{s} = 1 \tag{3.47}$$

当物像方折射率相等时,$f' = f$,上式化为

$$\frac{1}{s'} + \frac{1}{s} = \frac{1}{f} \tag{3.48}$$

这便是**薄透镜物像公式的高斯形式**.

前面的物、像距 s、s' 都是从光心 O 算起的,它们也可以从焦点 F、F' 算起.从 F、F' 算起的物、像距记作 x、x',对它们的正负号作如下约定:

(Ⅴ)当物点 Q 在 F 之左时,$x > 0$;当 Q 在 F 之右时,$x < 0$.

(Ⅵ)当像点 Q' 在 F' 之左时,$x' < 0$;当 Q' 在 F' 之右时,$x' > 0$.

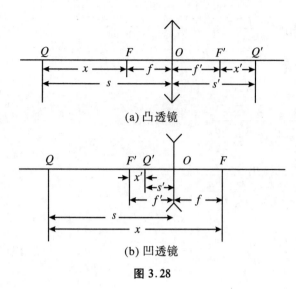

(a) 凸透镜

(b) 凹透镜

图 3.28

由图 3.28 不难看出

$$\begin{cases} s = x + f \\ s' = x' + f' \end{cases} \quad (3.49)$$

代入式(3.47),得

$$xx' = ff' \quad (3.50)$$

这是**薄透镜物像公式的牛顿形式**.

透镜两球面的横向放大率分别为

$$V_1 = -\frac{ns_1'}{n_L s_1}, \quad V_2 = -\frac{n_L s_2'}{n' s_2}$$

总的横向放大率 $V = V_1 V_2$,令上式中 $s_1 = s$,$-s_2 = s_1'$,$s_2' = s'$,则

$$V = -\frac{ns'}{n's} = -\frac{fs'}{f's} \quad (3.51)$$

若用 x、x' 来表示,则有

$$V = -\frac{f}{x} = -\frac{x'}{f'} \quad (3.52)$$

物、像方折射率相等时,$f = f'$,上面各式化为

$$V = -\frac{s'}{s} \quad (3.53)$$

和

$$V = -\frac{f}{x} = -\frac{x'}{f} \quad (3.54)$$

这些便是**薄透镜的横向放大率公式**.

3.5.3 密接透镜组

在实际中,我们往往需要将两个或更多的透镜组合起来使用.透镜组合的最简单情形是两个薄透镜紧密接触在一起,有时还用胶将它们黏合起来,成为复合透镜.下面讨论这种复合透镜与组成它的每个透镜焦距之间的关系.为此我们只需使用高斯公式两次.两次成像的公式分别为

$$\frac{1}{s_1'} + \frac{1}{s_1} = \frac{1}{f_1}, \quad \frac{1}{s_2'} + \frac{1}{s_2} = \frac{1}{f_2}$$

由于两透镜紧密接触,$s_2 = -s_1'$,于是

$$\frac{1}{s_2'} + \frac{1}{s_1} = \frac{1}{f_1} + \frac{1}{f_2}$$

与 $s_2' = \infty$ 对应的 s_1 即为复合透镜的焦距 f,所以

$$\frac{1}{f} = \frac{1}{f_1} + \frac{1}{f_2} \quad (3.55)$$

通常把焦距的倒数 $\frac{1}{f}$ 称为**透镜的光焦度** P.式(3.55)表明,密接复合透镜的光焦度是组成它的透镜光焦度之和,即

$$P = P_1 + P_2 \quad (3.56)$$

其中

$$P = \frac{1}{f}, \quad P_1 = \frac{1}{f_1}, \quad P_2 = \frac{1}{f_2} \tag{3.57}$$

光焦度的单位是屈光度(记为 D).若透镜焦距以 m 为单位,其倒数的单位便是 D.例如,$f = -50.0$ cm 的凹透镜的光焦度 $P = \dfrac{1}{-0.500 \text{ m}} = -2.00$ D.应注意,通常眼镜的度数是屈光度的 100 倍,例如,焦距为 50.0 cm 的眼镜的度数是 200.

3.5.4　透镜成像作图法

除了利用物像公式外,求物像关系的另一方法是作图法.作图法的依据是共轭点之间同心光束转化的性质.每条入射线经光具组后转化为一条出射线,这一对光线称为**共轭光线**.按照成像的含义,通过物点每条光线的共轭光线都通过像点,这里"通过"指光线本身或其延长线.因此只需选两条通过物点的入射光线,画出与它们共轭的出射光线,即可求得像点.在薄透镜的情形里,对轴外物点 P 有三对特殊的共轭光线可供选择:

(1) 若物像方折射率相等,通过光心 O 的光线经透镜后方向不变(见图 3.29 中的光线 1—1'),其原因是薄透镜的中央部分可近似地看成是很薄的平行平面玻璃板;

(2) 通过物方焦点 F 的光线经透镜后平行于光轴(见图 3.29 中的光线 2—2');

(3) 平行于光轴的光线经透镜后通过像方焦点 F'(见图 3.29 中的光线 3—3').

从以上三条光线中任选两条作图,出射线的交点即为像点 P'.

为求轴上物点的像,或任意入射光线的共轭线,可利用焦面的性质.例如,为求图 3.30 中任意光线 QM 的共轭线,通过光心 O 作它的平行线.令此线与像方焦面 $\mathscr{F}'$ 的交点为 P',连 MP',即为 QM 的共轭光线.因共轭光线与光轴的交点 Q 与 Q' 彼此共轭,上述方法也可用来求轴上的共轭点.

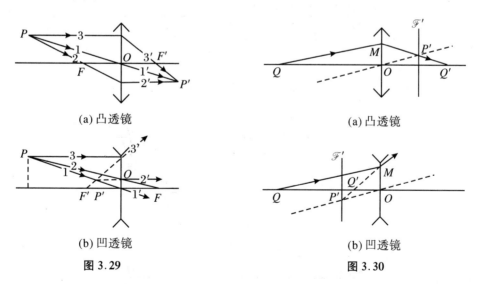

(a) 凸透镜　　　　　　　　　　(a) 凸透镜

(b) 凹透镜　　　　　　　　　　(b) 凹透镜

图 3.29　　　　　　　　　　图 3.30

3.5.5　透镜组成像

利用给出的成像公式或作图法,都可直接给出一次成像过程中的物像关系.逐次使用这些方法，就可解决共轴透镜组的成像问题．对初学者来说，困难往往发生在如何处理虚共轭点(特别是虚物)上．下面的例 1 就是这样的例子．在这个例题中，我们用作图法、高斯公式、牛顿公式三种方法求像，所得结果可以互相验证．

例 1 凸透镜 L_1 和凹透镜 L_2 的焦距分别为 20.0 cm 和 40.0 cm，L_2 在 L_1 右边 40.0 cm 处，傍轴小物放在 L_1 左边 30.0 cm 处，求它的像．

解 (1) 作图法 首先根据题意，将两透镜和它们焦点的位置以及物体的位置，按比例标在图上(图 3.31(a))．

第一次 QP 对 L_1 成实像 Q_1P_1(见图 3.31(b))，第二次虚物 Q_1P_1 对 L_2 成实像 $P'Q'$(见图 3.31(c))．两图中，1—1$'$ 都代表平行于光轴折射后通过像方焦点的光线，2—2$'$ 都代表通过物方焦点折射后平行于光轴的光线，实线表示光线实际经过的部分，虚线表示它的延长线．

为了把整个成像过程中由 P 点发出的同心光束逐次转化的情形显示出来，我们将它的边缘光线和波面示于图 3.31(d)中．图中清楚地显示出，该发散的同心光束经凸透镜 L_1 折射后转化为会聚到 P_1 的同心光束．它再经凹透镜 L_2 折射后转化为会聚到 P' 的同心光束，由于 L_2 的发散作用，最后的光束与中间光束相比，会聚程度较小．

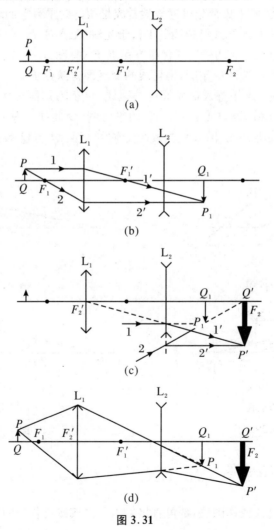

图 3.31

(2) 用高斯公式 对第一次成像有

$$\frac{1}{s_1'} + \frac{1}{s_1} = \frac{1}{f_1}$$

其中 $s_1 = 30.0$ cm, $f_1 = 20.0$ cm, 由此得 $s_1' = 60.0$ cm(实像), 横向放大率为

$$V_1 = -\frac{s_1'}{s_1} = -2(倒立放大)$$

对第二次成像有

$$\frac{1}{s_2'} + \frac{1}{s_2} = \frac{1}{f_2}$$

其中 $d = 40.0$ cm, $s_2 = -20.0$ cm(虚物), $f_2 = -40.0$ cm. 由此得 $s_2' = 40.0$ cm(实像). 横向放大率为

$$V_2 = -\frac{s_2'}{s_2} = +2(正立放大)$$

两次成像的横向放大率为

$$V = V_1 V_2 = -4(倒立放大)$$

(3) 用牛顿公式 对第一次成像有

$$x_1 x_1' = f_1 f_1'$$

其中 $x_1 = 10.0$ cm, $f_1 = f_1' = 20.0$ cm. 由此得 $x_1' = 40.0$ cm, 横向放大率为

$$V_1 = -\frac{x_1'}{f_1} = -2(倒立放大)$$

对第二次成像有

$$x_2 x_2' = f_2 f_2'$$

其中 $x_2 = 20.0$ cm, $f_2 = f_2' = -40.0$ cm, 由此得 $x_2' = 80.0$ cm, 横向放大率为

$$V_2 = -\frac{x_2'}{f_2} = +2(正立放大)$$

两次成像的横向放大率为

$$V = V_1 V_2 = -4(倒立放大)$$

3.6 理想光具组理论

3.6.1 理想成像与共线变换

理想成像要求空间每一点都能严格成像, 亦即物方的每个同心光束转化为像方的一个同心光束. 满足这种理想成像要求的光具组叫做**理想光具组**. 在实际中几乎不存在理想光具组, 个别的例外是平面反射镜, 不过它的放大率恒等于 1, 实际价值不太大. 共轴球面组在傍轴条件下近似地满足理想成像要求, 理想光具组的概念正是以此为原型, 经抽象概括和理想化而得来的.

可以证明, 理想光具组具有下列性质:

（1）物方每个点对应像方一个点(共轭点)；

（2）物方每条直线对应像方一条直线(共轭线)；

（3）物方每个平面对应像方一个平面(共轭面).

物方和像方之间的这种点点、线线、面面的一一对应关系,称为**共线变换**.

理想光具组的理论不涉及光具组的具体结构,它是一种几何理论,研究的是共线变换的普遍几何性质,以及满足这种几何变换的光具组的共同规律.今后我们将看到,它对实际光具组的研究具有相当大的指导意义.

如果理想光具组是轴对称的,除上述三点外,它还具有下列一些性质:

（4）光轴上任何一点的共轭点仍在光轴上；

（5）任何垂直于光轴的平面,其共轭面仍与光轴垂直；

（6）在垂直于光轴的同一平面内横向放大率相同；

（7）在垂直于光轴的不同平面内横向放大率一般不等.但是只要有两个这样的平面内横向放大率相等,则横向放大率处处相等.在这种光具组中,平行于光轴的光束的共轭光束仍与光轴平行.这种光具组叫做**望远系统**.

理想光具组的性质（1）～（7）的证明的梗概如下:共轭点是对应同心光束的交点,其一一对应的性质是显然的(性质（1）).共轭线是由共轭点组成的,若为直线,则它本身就是相交于其上每点的各同心光束中的一条公共线,其共轭线也必须是直线(性质（2）).平面上四个不共线点两两间的连线必有第五个交点,与此交点对应的两条共轭线和五个共轭点必共面(性质（3）).对于轴对称的理想光具组来说,性质（4）是显然的.假若性质（5）不成立,只有两种可能性,一是垂直于光轴的平面的共轭面是曲面,二是倾斜的平面.前者违反性质（3）,后者破坏对称性.假若性质（6）不成立,垂直于光轴的共轭面内图形将不保持几何相似性,直线变为曲线(图3.32(a)),这是违反性质（2）的.为了证明性质（7）,令横向放大率相等的共轭面为 Π_1、Π_1' 和 Π_2、Π_2'(图3.32(b)),在 Π_2、Π_2' 上取一对离轴等远的点 P_1 和 P_2,它们的共轭点 P_1' 和 P_2' 也是离轴等远的.P_1P_2 和 $P_1'P_2'$ 是一对共轭线,两者都与光轴平行.这两条直线穿过物、像方所有其他与光轴垂直的共轭面,由此可以证明,横向放大率处处相等.

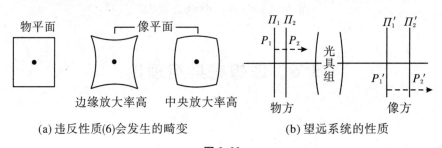

(a) 违反性质(6)会发生的畸变 (b) 望远系统的性质

图 3.32

3.6.2 共轴理想光具组的基点和基面

给出一个薄透镜光心 O 的位置和焦距 f、f',从而也就知道了焦点和焦面的位置,则物像关系就完全确定了,无须再问光具组的其他细节,如透镜的折射 n_L,曲率半径 r_1、r_2 等.下面我们将证明,对于任何共轴的光具组,从单个折射面、单个透镜乃至多个透镜构成的复杂组合,无论其结构简单还是复杂,只要把它看成是理想光具组,物像之间的共轭关系完全由几对特殊的点和面决定,这就是共轴理想光具组的**基点**和**基面**.

（1）**焦点**和**焦面**.

焦点和焦面的定义与前面引入的相同,即与无穷远像平面共轭的为**物方焦面**(记作 $\mathscr{F}$),其轴上点为**物方焦点**(记作 F);与无穷远物平面共轭的为**像方焦面**(记作 $\mathscr{F}'$),其轴上点为**像方焦点**(记作 F').或者说,中心在焦面上的同心光束,其共轭光束是平行光束;中心在焦点上的同心光束,其共轭光束与光轴平行.

以上都是对非望远系统而言的,望远系统没有焦点和焦面.

（2）**主点**和**主面**.

横向放大率等于1的一对共轭面叫做**主面**.属于物方的叫做**物方主面**(记作 $\mathscr{H}$),其轴上点为**物方主点**(记作 H);属于像方的叫做**像方主面**(记作 $\mathscr{H}'$),其轴上点为**像方主点**(记作 H').

以透镜为例,如图 3.33(a)所示,从物方焦点 F 发出的光束经两次折射后变成与光轴平行的情形,图 3.33(b)则是平行于主光轴的光束经两次折射后通过像方焦点 F' 的情形.在两图中分别将每对共轭光线延长,找到它们的交点,这些交点的轨迹一般是关于光轴对称的曲面.如果限于傍轴范围内,该曲面可近似地看成是与光轴垂直的平面,这就是透镜的主面,它们与光轴的交点就是主点.图 3.34 给出不同曲率透镜的主面.可以看出,主面不一定在透镜的两界面之间.当透镜的厚度趋于 0 时,透镜的两顶点 A_1、A_2 和两主点 H、H' 都重合在一起,成为光心,即薄透镜本身所在的平面就是主面,光心就是主点.我们知道,薄透镜的物距 s、像距 s' 和焦距 f' 都是从光心算起的.对于任意共轴理想光具组,它们都从主点算起,即物距 s 是物方主点 H 到轴上物点 Q 的距离,像距 s' 是像方主点 H' 到轴上像点 Q' 的距离.与此相应,物方焦距 f 是 H 到 F 的距离,像方焦距 f' 是 H' 到 F' 的距离.正负号法则可仿照前面的（Ⅰ）、（Ⅱ）来规定.设入射光从左到右.

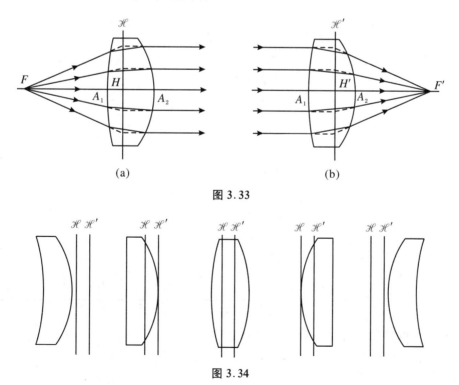

图 3.33

图 3.34

（Ⅰ′）在物方，若 Q（或 F）在 H 之左，则 s（或 f）>0；若 Q（或 F）在 H 之右，则 s（或 f）<0.

（Ⅱ′）在像方，若 Q'（或 F'）在 H' 之左，则 s'（或 f'）<0；若 Q'（或 F'）在 H' 之右，则 s'（或 f'）>0.

3.6.3　物像关系

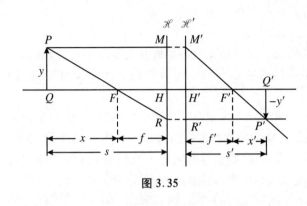

图 3.35

给定了主面和焦点求物像关系，既可用作图法，也可用公式计算.

先看做图法.如图 3.35 所示，由轴外物点 P 作平行于光轴的光线，交物方主面 $\mathscr{H}$ 于 M 点，其共轭光线通过像方主面 $\mathscr{H}'$ 上的等高点 M' 和焦点 F'.再由 P 作通过物方焦点 F 的光线，交 $\mathscr{H}$ 于 R，其共轭光线通过 $\mathscr{H}'$ 上的等高点 R' 与光轴平行.以上两共轭线在像方的交点即为像点 P'.

根据图 3.35 中的几何关系，不难导出理想光具组的物像距公式和放大率公式.因

$$\triangle PQF \backsim \triangle RHF, \quad \triangle P'Q'F' \backsim \triangle M'H'F'$$

且

$$\overline{PQ} = \overline{M'H'} = y, \quad \overline{HR} = \overline{P'Q'} = -y'$$

$$\overline{QF} = s - f = x, \quad \overline{HF} = f, \quad \overline{Q'F'} = s' - f' = x', \quad \overline{H'F'} = f'$$

故下列比例关系成立：

$$\frac{-y'}{y} = \frac{f}{x} = \frac{f}{s-f}, \quad \frac{-y'}{y} = \frac{x'}{f'} = \frac{s'-f'}{f'}$$

由此不难得到高斯公式

$$\frac{f'}{s'} + \frac{f}{s} = 1 \tag{3.58}$$

牛顿公式

$$xx' = ff' \tag{3.59}$$

和横向放大率公式

$$V = \frac{y'}{y} = -\frac{f}{x} = -\frac{fs'}{f's} \tag{3.60}$$

除横向放大率外，有时还引入角放大率的概念.令共轭光线与光轴的夹角为 u、u'，两者正切之比叫做理想光具组的**角放大率**，记作 W：

$$W = \frac{\tan u'}{\tan u} \tag{3.61}$$

为了得到角放大率的计算公式，过轴上共轭点 Q、Q' 作一对共轭线，分别交主面 $\mathscr{H}$、$\mathscr{H}'$ 于 T、T'（图 3.36）.因

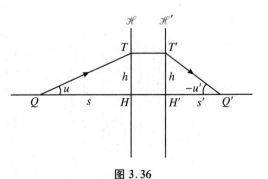

图 3.36

$$\tan u = \frac{\overline{HT}}{\overline{HQ}}, \quad \tan u' = \frac{\overline{H'T'}}{\overline{H'Q'}}$$

$$\overline{HQ} = s, \quad \overline{H'Q'} = s', \quad \overline{HT} = \overline{H'T'}$$

故得

$$W = -\frac{s}{s'} \tag{3.62}$$

比较式(3.60)、式(3.62)可以看出,横向放大率与角放大率成反比:

$$VW = \frac{f}{f'} \tag{3.63}$$

当 $f = f'$ 时,

$$VW = 1 \tag{3.64}$$

对于单个折射球面,$\dfrac{f}{f'} = \dfrac{n}{n'}$,把 V 和 W 的定义式代入式(3.63),即得

$$yn\tan u = y'n'\tan u' \tag{3.65}$$

此式称为**亥姆霍兹公式**,它是折射球面能使空间所有点以任意宽广光束成像的必要条件. 在傍轴区域内 $\tan u \approx u$,上式化为拉格朗日-亥姆霍兹定理式.

3.6.4 理想光具组的联合

下面我们的任务是,给定两个光具组 Ⅰ 和 Ⅱ 的基点、基面:F_1、F_1'、H_1、H_1'、$\mathscr{H}_1$、$\mathscr{H}_1'$ 和 F_2、F_2'、H_2、H_2'、$\mathscr{H}_2$、$\mathscr{H}_2'$,求联合起来作为一个光具组时的基点、基面:F、F'、H、H'、$\mathscr{H}$、$\mathscr{H}'$.

如图 3.37 所示,作一条平行于光轴的入射线 SM_1,经光具组 Ⅰ 后的共轭光线 $M_1'R_2$ 通过它的像方焦点 F_1'. 由 R_2' 射出的既是 $M_1'R_2$ 对光具组 Ⅱ 的共轭光线,又是 SM_1 对联合光具组的共轭光线,所以它与光轴的交点必为联合光具组的像方焦点 F'. 此外,设 SM_1 在联合光具组的物方主面 $\mathscr{H}$ 上的高度为 h,出射线必通过像方主面 $\mathscr{H}'$ 上的等高点,故 SM_1 与 $R_2'F'$ 的交点 M' 必在 $\mathscr{H}$ 上,从而求得 $\mathscr{H}'$ 和 H' 的位置. 同理,令光线自右向左入射,求得 $\mathscr{H}$ 和 H 的位置(由于它们的位置超出图 3.37 左边较远,图中不再标出).

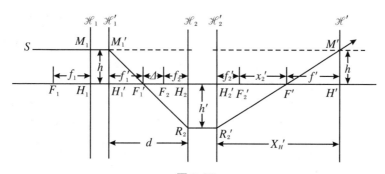

图 3.37

两光具组的间隔可用 F_1'、F_2 间的距离 Δ 或 H_1'、H_2 间的距离 $d(d = f_1' + \Delta + f_2)$ 来表征,它们的正负号约定如下:设入射线来自左方,

(Ⅶ) 若 F_2 在 F_1' 之左,则 $\Delta < 0$;若 F_2 在 F_1' 之右,则 $\Delta > 0$.

(Ⅷ) 若 H_2 在 H_1' 之左,则 $d < 0$;若 H_2 在 H_1' 之右,则 $d > 0$.

联合光具组的主面位置用 H、H_1 间的距离 X_H 和 H'、H_2' 间的距离 X_H' 来表征,它们的

正负号约定如下：

（IX）若 H 在 H_1 之左，则 $X_H > 0$；若 H 在 H_2' 之右，则 $X_H > 0$；反之则反号.

以上两条分别与以前我们对物方和像方距离的正负号规定一致. 现在给出 f、X_H 和 X_H' 的普遍表达式：

$$
\begin{cases}
f = -\dfrac{f_1 f_2}{\Delta} \\[2mm]
f' = -\dfrac{f_1' f_2'}{\Delta}
\end{cases}
\tag{3.66}
$$

$$
\begin{cases}
X_H = f_1 \dfrac{\Delta + f_1' + f_2}{\Delta} = f_1 \dfrac{d}{\Delta} \\[2mm]
X_H' = f_2' \dfrac{\Delta + f_1' + f_2}{\Delta} = f_2' \dfrac{d}{\Delta}
\end{cases}
\tag{3.67}
$$

上列各式的推导如下：首先根据图 3.37 中两对相似三角形 $\triangle M_1' H_1' F_1'$ 和 $\triangle R_2 H_2 F_1'$ 以及 $\triangle M' H' F'$ 和 $\triangle R_2' H_2' F'$，写出下列比例式：

$$
\frac{h}{h'} = \frac{f_1'}{\Delta + f_2}, \qquad \frac{h}{h'} = \frac{-f'}{f_2' + x_2'}
$$

由此解得

$$
f' = -\frac{f_1'(f_2' + x_2')}{\Delta + f_2}
$$

此外，因 F_1' 和 F' 是光具组 II 的共轭点，按牛顿公式，有

$$
x_2' = \frac{f_2 f_2'}{\Delta}
$$

将此式代入 f' 的表达式，得

$$
f' = -\frac{f_1' f_2'}{\Delta}
$$

从而

$$
X_H' = f_2' + x_2' - f' = \frac{\Delta + f_1' + f_2}{\Delta} f_2'
$$

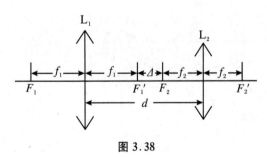

图 3.38

以上两式便是式（3.66）和式（3.67）中的第二式. 为了得到第一式，只需利用光的可逆性原理作如下代换：

$$
f_1' \rightleftharpoons f_2, \quad f_2' \rightleftharpoons f_1
$$
$$
f \rightleftharpoons f', \quad X_H \rightleftharpoons X_H'
$$

作为例子，我们看两个薄透镜 L_1、L_2 的组合（图 3.38）. 设透镜以外介质的折射率皆为 1，从而 $f_1' = f_1$，$f_2' = f_2$，$d = \Delta + f_1 + f_2$. 由图 3.38 得联合光具组的焦距为

$$
f = f' = -\frac{f_1 f_2}{\Delta}
$$

或

$$
\frac{1}{f} = -\frac{\Delta}{f_1 f_2} = -\frac{d - f_1 - f_2}{f_1 f_2} = \frac{1}{f_1} + \frac{1}{f_2} - \frac{d}{f_1 f_2}
\tag{3.68}
$$

用光焦度 $P = \dfrac{1}{f}$、$P_1 = \dfrac{1}{f_1}$ 和 $P_2 = \dfrac{1}{f_2}$ 来表示,则有

$$P = P_1 + P_2 - P_1 P_2 d \tag{3.69}$$

对于密接透镜组,$d = 0$,过渡到以前的公式.

把式(3.68)中的前一式代入式(3.67),可得联合光具组的主面位置公式:

$$\begin{cases} X_H = -\dfrac{fd}{f_2} = -\dfrac{P_2 d}{P} \\[2mm] X_H' = -\dfrac{fd}{f_1} = -\dfrac{P_1 d}{P} \end{cases} \tag{3.70}$$

例 1 惠更斯目镜的结构如图 3.39 所示,它由焦距分别为 $3a$ 和 a 的凸透镜 L_1 和 L_2 组成,光心之间的距离为 $2a$.求它的焦点和主面的位置.

解 (1) 作图法 作入射线 1 平行于光轴,经 L_1 折射后通过 L_2.为了进一步找出经 L_2 折射后的出射线 $1'$,可利用 L_2 的像方焦面 $\mathscr{F}_2'$ 和通过透镜光心的辅助线.最后通过 1 和 $1'$ 的交点 M' 找到第二主面 $\mathscr{H}'$,$1'$ 与光轴的交点即为第二焦点 F'.精确的作图表明,$\mathscr{H}'$ 在 L_2 左边距离为 a 的地方,F' 在 $\mathscr{H}'$ 右边距离为 $1.5a$ 的地方.

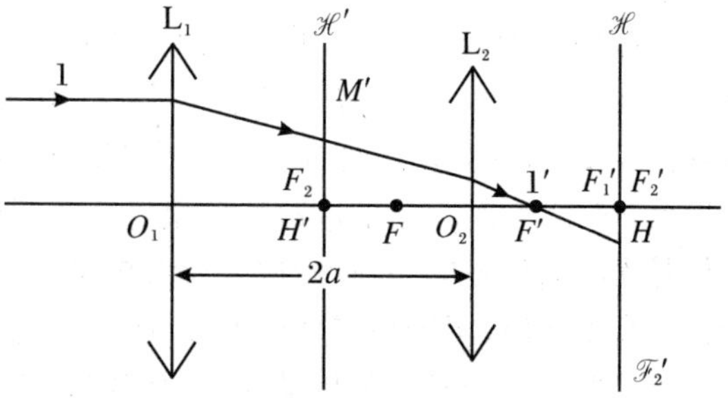

图 3.39

求物方的焦点 F 和主面 $\mathscr{H}$ 可利用光的可逆性原理.平行于光轴的反方向作入射线 $2'$,用类似前法求得先后经 L_2、L_1 两透镜折射后的出射线 2,并由此找到 $\mathscr{H}$ 和 F.精确的作图表明,$\mathscr{H}$ 在 L_1 右边距离为 $3a$ 的地方,F 在 $\mathscr{H}$ 左边距离为 $1.5a$ 处(图 3.39 中标出了它们的位置,作图过程从略).

(2) 用公式计算 按题中所给,$d = 2a$,$f_1 = 3a$,$f_2 = a$,故

$$\Delta = d - f_1 - f_2 = -2a$$

代入式(3.69)和式(3.70),得

$$f = f' = \frac{3a}{2}, \quad X_H = -3a, \quad X_H' = -a$$

即 H 在 O_1 右边距离为 $3a$ 处,H' 在 O_2 左边距离为 a 处,F 在 H 左边距离为 $1.5a$ 处,F' 在 H' 右边距离为 $1.5a$ 处.结果完全与(1)同.

3.7 简单光学仪器

3.7.1 眼睛

人类的眼睛是一个相当复杂的天然光学仪器.从结构来看,它类似于照相机,对于目视光学仪器,它可看成是光路系统的最后一个组成部分.所有目视光学仪器的设计都要考虑眼睛的特点.图 3.40 所示为眼球在水平方向上的剖面图.其中布满视觉神经的视网膜相当于

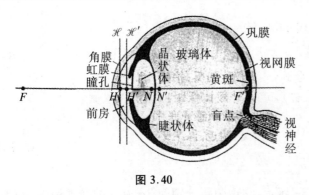

图 3.40

照相机中的感光底片,虹膜相当于照相机中的可变光阑,它中间的圆孔称为瞳孔.眼球中与照相机镜头对应的部分结构比较复杂,其主要部分是晶状体(或称眼球),它是一个折射率不均匀的透镜.包在眼球外面的坚韧的膜,最前面透明的部分称为角膜,其余部分称为巩膜.角膜与虹膜之间的部分称为前房.晶状体与虹膜之间眼球的内腔称为后房.眼睛是一个物、像方介质折射率不相等的例子,因而它的两个焦距是不等的,主点与节点也不重合.聚焦于无穷远时,物方焦距 $f = 17.1$ mm,像方焦距 $f' = 22.8$ mm.

在照相机中通过镜头和底片间距离的改变来调节聚焦的距离,在眼睛里这是靠改变晶状体的曲率(焦距)来实现的.晶状体的曲率由睫状体来控制.正常视力的眼睛,当肌肉完全松弛的时候,无穷远的物体成像在网膜上.为了观察较近的物体,肌肉压缩晶状体,使它的曲率增大,焦距缩短.眼睛的这种调节聚焦距离(调焦)的能力有一定的限度,小于一定距离的物体是无法看清楚的.儿童的这个极限距离在 10 cm 以下,随着年龄的增长,眼睛的调焦能力逐渐衰退,这极限距离因之而加大.造成老花眼的原因就在于此.

眼睛肌肉完全松弛和最紧张时所能清楚看到的点分别称为它调焦范围的**远点**和**近点**.如前所述,正常眼睛的远点在无穷远(图 3.41(a)).近视眼的眼球轴向过长,当肌肉完全松弛时,无穷远的物体成像在网膜之前(图 3.41(b)),它的远点在有限远的位置.远视眼的眼球轴向过短,无穷远的物体成像在视网膜之后(图 3.41(c)),它的远点在眼睛之后(虚物点).图 3.41 中光轴上粗黑线代表调焦范围.矫正近视眼和远视眼的眼镜分别是凹透镜和凸透镜.所谓散光是由于眼球在不同方向截面内的曲率不同,它需要用非球面透镜来矫正.

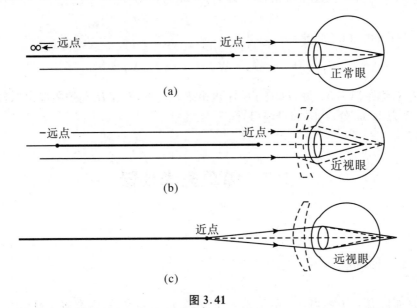

图 3.41

物体在网膜上成像的大小正比于它对眼睛所张的角度——视角.所以物体越近,它在视网膜上的像也就越大(图 3.42),我们便越容易分辨它的细节.但是物体太近了,即使不超出调焦范围,看久了眼睛也会感到疲倦.只有在适当的距离上眼睛才能比较舒适地工作,这个距离称为**明视距离**.习惯上规定明视距离为 25 cm.

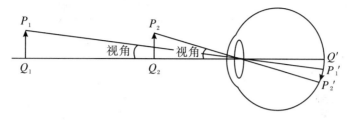

图 3.42

眼睛分辨物体细节的本领与视网膜的结构(主要是其上感光单元的分布)有关,不同部分有很大差别.在视网膜中央靠近光轴的一个很小区域(称为黄斑)里,分辨本领最高.能够分辨的最近两点对眼睛所张视角称为**最小分辨角**.在白昼的照明条件下,黄斑区的最小分辨角接近 $1'$.趋向视网膜边视缘,分辨本领急剧下降.所以人的眼睛视场虽然很大(水平方向视场角约 $160°$,垂直方向约 $130°$),但其中只有中央视角约为 $6'\sim7'$ 的一个小范用内才能较清楚地看到物体的细节.然而这对我们并没有什么妨碍,因为眼球是可以随意转动的,它可随时使视场的中心瞄准到所要注视的地方.还要指出,眼睛的分辨本领与照明条件有很大的关系.在夜间和照明条件比较差的时候,眼睛的分辨本领大大下降,最小分辨角可达 $1°$以上.

瞳孔的大小随着环境亮度的改变而自动调节.在白昼条件下其直径约为 2 mm,在黑暗的环境里,最大可达 8 mm 左右.

3.7.2　放大镜

最简单的放大镜就是一个焦距 f 很短的会聚透镜,$f\leqslant$明视距离 s_0,其作用是放大物体在视网膜上所成的像.如前所述,这个像的大小是与物体对眼睛所张的视角成比例的.

如果我们用肉眼观察物体,当物体由远移近时,它所张的视角增大.但是在达到明视距离 s_0 以后继续前移,视角虽继续增大,但眼睛将感到吃力,甚至看不清.可以认为,用肉眼观察,物体的视角最大不超过

$$w = \frac{y}{s_0} \tag{3.71}$$

其中 y 为物体的长度(参见图 3.43(a)).

现在我们设想将一个放大镜紧靠在眼睛的前面(见图 3.43(b)),并考虑一下,物体应放在怎样的位置上,眼睛才能清楚地看到它的像.若物距太大,实像落在放大镜和眼睛之后;若物距太小,虚像落在明视距离以内.只有当像成在无穷远到明视距离之间时,才和眼睛的调焦范围相适应.与此相应地,物体就应放在焦点 F 以内的一个小范围里,该范围叫做**焦深**.在 $f\ll s_0$ 的条件下,这个范围比焦距 f 小得多.根据牛顿公式,该范围是 $0\geqslant x\geqslant -\dfrac{f^2}{s_0-f}\approx -\dfrac{f^2}{s_0}$,$|x|<\dfrac{f^2}{s_0}\ll f$,也就是说,物体只能放在焦点内侧附近.这时它对光心所张的视角近似等于

$$w' = \frac{y}{f} \tag{3.72}$$

由图 3.43(b)可以看出,由物点 P 发出的通过光心的光线延长后通过像点 P',所以物体 QP

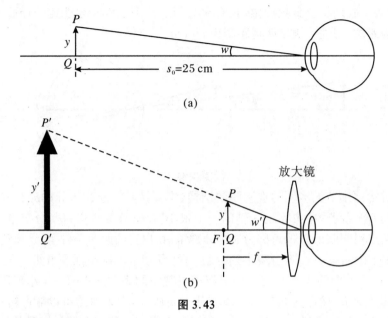

图 3.43

与像 $Q'P'$ 对光心所张视角是一样的，亦即式(3.72)中的 w' 也是像对光心所张的视角. 由于眼睛与放大镜十分靠近，又可认为 w' 就是像对眼睛所张的视角.

由于放大镜的作用是放大视角，我们引入视角放大率 M 的概念，它定义为像所张的视角 w' 与用肉眼观察时物体在明视距离处所张的视角 w 之比：

$$M = \frac{w'}{w} \tag{3.73}$$

将式(3.71)和式(3.72)代入后，就得到放大镜视角放大率的公式：

$$M = \frac{s_0}{f} \tag{3.74}$$

3.7.3 显微镜

简单的放大镜的放大倍率有限(几倍到几十倍)，欲得到更大的放大倍率要靠显微镜. 显微镜的原理光路示于图 3.44. 在放大镜(**目镜**)前再加一个焦距极短的会聚透镜组(称为**物镜**). 物镜和目镜的间隔比它们各自的焦距大得多. 被观察的物体 QP 放在物镜物方焦点 F_O 外侧附近，它经物镜成放大实像 Q_1P_1 于目镜物方焦点 F_E 内侧附近，再经目镜成放大的虚像 $Q'P'$ 于明视距离以外. 在实际显微镜中为了减少各种像差，物镜和目镜都是复杂的透镜. 我们为了突出其基本原理，在图 3.44 中两者都用一个薄透镜代替.

设 y 为物体 QP 的长度，y_1 为中间像 Q_1P_1 的长度，f_O 和 f_E 分别为物镜 L_O 和目镜 L_E 的焦距，Δ 为物镜像方焦点 F_O' 到目镜物方焦点 F_E 的距离(称为**光学筒长**). 显微镜的视角放大率为

$$M = \frac{w'}{w} \tag{3.75}$$

其中 w 为物体 QP 在明视距离处所张视角，即 $w = \frac{y}{s_0}$. w' 为最后的像 $Q'P'$ 所张的视角. 现规定由光轴转到光线的方向为顺时针时交角为正，逆时针时交角为负，故这里的 $w' < 0$. 如

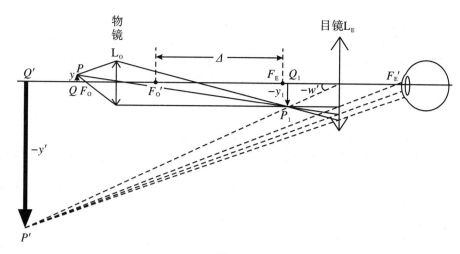

图 3.44

前所述,w' 和中间像 Q_1P_1 所张的视角一样,故 $-w' = -\dfrac{y_1}{f_E}$. 所以

$$M = \frac{y_1/f_E}{y/s_0} = \frac{y_1}{y}\frac{s_0}{f_E} = V_O M_E \tag{3.76}$$

式中 $M_E = \dfrac{s_0}{f_E}$ 是目镜的视角放大率,$V_O = \dfrac{y_1}{y}$ 是物镜的横向放大率. 令其中 $x' = \Delta$, $f' = f_O$,得

$$V_O = -\frac{\Delta}{f_O}$$

代入式(3.76)后,得到显微镜视角放大率的最后表达式:

$$M = -\frac{s_0\Delta}{f_O f_E} \tag{3.77}$$

式中负号表示像是倒立的. 上式表明,物镜、目镜的焦距愈短,光学筒长愈大,显微镜的放大倍率愈高.

实验室中广泛使用一种用于测量微小距离的显微镜,它们的目镜中装有标尺或叉丝,物镜的倍率一般都较低. 在工作距离较大的场合下使用的显微镜中,物镜的焦距较长. 它的作用主要是将物体成像于目镜物方焦面附近,放大的作用基本靠目镜.

3.7.4 望远镜

望远镜的结构和光路与显微镜有些类似(参见图3.45),也是先由物镜成中间像,再通过目镜来观察此中间像. 与显微镜不同的是,望远镜所要观察的物体在很远的地方(可以看成是无穷远),因此中间像成在物镜的像方焦面上,所以望远镜的物镜焦距较长,而物镜的像方焦点 F_O 和目镜的物方焦点 F_E 几乎重合.

望远镜的视角放大率 M 应定义为最后的虚像对目镜所张视角 w' 与物体在实际位置所张视角 w 之比:

$$M = \frac{w'}{w} \tag{3.78}$$

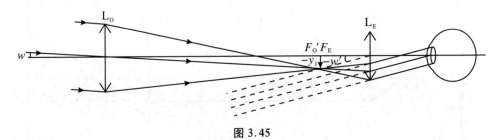

图 3.45

由于物距远比望远筒长大得多,它对眼睛或目镜所张视角实际上和它对物镜所张视角是一样的.从图 3.45 不难看出,$w = -\dfrac{y_1}{f_O}$,而 $-w' = -\dfrac{y_1}{f_E}$(w、w' 的正负号规定同前),代入式(3.78)得到

$$M = -\frac{f_O}{f_E} \tag{3.79}$$

式中负号的意义同前,表示像是倒立的.上式表明,物镜的焦距越长,望远镜的放大倍率越高.

当望远镜对无穷远聚焦时,中间像成在物镜的像方焦面上.这样,平面上的每个点和一个方向的入射线对应,所以当望远镜筒平移时,中间像对镜筒没有相对位移,只有当望远镜的光轴转动时,中间像才会相对它移动.因此望远镜可用来测量两平行光束间的夹角.

例 1 有一放在空气中的玻璃棒,折射率 $n = 1.5$,中心轴线长 $L = 45\ \text{cm}$,一端是半径为 $R_1 = 10\ \text{cm}$ 的凸球面.

(1) 要使玻璃棒的作用相当于一架理想的天文望远镜(使主光轴上无限远处的物成像于主光轴上无限远处的望远系统),取中心轴线为主光轴,玻璃棒另一端应磨成什么样的球面?

(2) 对于这个玻璃棒,由无限远物点射来的平行入射光束与玻璃棒的主光轴成小角度 φ_1 时,从棒射出的平行光束与主光轴成小角度 φ_2,求 $\dfrac{\varphi_2}{\varphi_1}$(此比值等于此玻璃棒望远系统的视角放大率).

解 (1) 对于一个望远系统来说,从主光轴上无限远处的物点发出的入射光为平行于主光轴的光线,它经过系统后的出射光线也应与主光轴平行,即像点也在主光轴上无限远处,如图 3.46 所示,图中 C_1 为左端球面的球心.

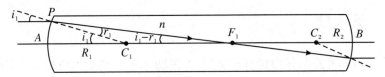

图 3.46

由正弦定理、折射定律和小角度近似得

$$\frac{\overline{AF_1} - R_1}{R_1} = \frac{\sin r_1}{\sin(i_1 - r_1)} \approx \frac{r_1}{i_1 - r_1} = \frac{1}{\dfrac{i_1}{r_1} - 1} \approx \frac{1}{n - 1} \qquad ①$$

即

$$\frac{\overline{AF_1}}{R_1} - 1 = \frac{1}{n-1} \qquad ②$$

光线 PF_1 射到另一端面时,其折射光线为平行于主光轴的光线,由此可知该端面的球心 C_2 一定在端面顶点 B 的左方,$\overline{C_2 B}$ 等于球面的半径 R_2,如图 3.46 所示.仿照上面对左端球面上折射的关系可得

$$\frac{\overline{BF_1}}{R_2} - 1 = \frac{1}{n-1} \qquad ③$$

又有

$$\overline{BF_1} = L - \overline{AF_1} \qquad ④$$

由式②～式④并代入数值可得

$$R_2 = 5 \text{ cm} \qquad ⑤$$

即右端为半径等于 5 cm 的向外凸的球面.

(2) 设从无限远处物点射入的平行光线用①、②表示,令①过 C_1,②过 A,如图 3.47 所示,则这两条光线经左端球面折射后的相交点 M 即为左端球面对此无限远物点成的像点. 现在求 M 点的位置.在 $\triangle AC_1 M$ 中

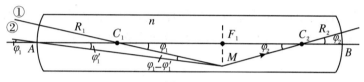

图 3.47

$$\frac{\overline{AM}}{\sin(\pi - \varphi_1)} = \frac{\overline{AM}}{\sin\varphi_1} = \frac{R_1}{\sin(\varphi_1 - \varphi_1')} \qquad ⑥$$

又

$$n\sin\varphi_1' = \sin\varphi_1 \qquad ⑦$$

已知 φ_1、φ_1' 均为小角度,则有

$$\overline{AM} \approx \frac{R_1}{\varphi_1\left(1 - \dfrac{1}{n}\right)} \qquad ⑧$$

与式②比较可知,$\overline{AM} \approx \overline{AF_1}$,即 M 位于过 F_1 且垂直于主光轴的平面上.上面已知,玻璃棒为天文望远系统,则凡是过 M 点的傍轴光线从棒的右端面射出时都将是相互平行的光线. 容易看出,从 M 射出、过 C_2 的光线将沿原方向射出,这也就是过 M 点的任意光线(包括光线①②)从玻璃棒射出的平行光线的方向.此方向与主光轴的夹角即为 φ_2,由图 3.47 可得

$$\frac{\varphi_2}{\varphi_1} = \frac{\overline{C_1 F_1}}{\overline{C_2 F_1}} = \frac{\overline{AF_1} - R_1}{\overline{BF_1} - R_2} \qquad ⑨$$

由②③两式可得

$$\frac{\overline{AF_1} - R_1}{\overline{BF_1} - R_2} = \frac{R_1}{R_2}$$

则

$$\frac{\varphi_2}{\varphi_1} = \frac{R_1}{R_2} = 2$$

3.8 光 的 干 涉

3.8.1 杨氏双缝干涉

用两个点光源做光的干涉实验的典型代表,是杨氏实验(1801年).杨氏实验的装置如图 3.48(a)所示,在普通单色光源(如钠光灯)前面放一个开有小孔 S 的屏,作为单色点光源.在 S 的照明范围内再放一个开有两个小孔 S_1 和 S_2 的屏.按惠更斯原理,S_1 和 S_2 将作为两个次波源向前发射次波(球面波),形成交叠的波场.在较远的地方放置一接收屏,屏上可以观测到一组几乎平行的直线条纹(图 3.48(b)).为了提高干涉条纹的亮度,实际中 S、S_1、S_2 用三个互相平行的狭缝(杨氏双缝干涉),而且可不用屏幕接收,而代之以目镜直接观测.在激光出现以后,人们可以用氦氖激光束直接照明双孔,在屏幕上即可获得一组相当明显的干涉条纹,供许多人同时观看.现在来分析,利用普通光源做杨氏实验时,由双孔出射的两束光波之间的相位差.设 $\overline{SS_1} = R_1$,$\overline{SS_2} = R_2$,用 φ_0 代表点光源 S 的初相位,则次波源 S_1、S_2 的初相位分别为

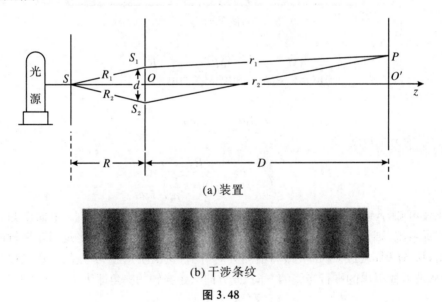

(a) 装置

(b) 干涉条纹

图 3.48

$$\varphi_{10} = \varphi_0 + \frac{2\pi}{\lambda}R_1, \quad \varphi_{20} = \varphi_0 + \frac{2\pi}{\lambda}R_2$$

从而

$$\varphi_{10} - \varphi_{20} = \frac{2\pi}{\lambda}(R_1 - R_2) \tag{3.80}$$

由此可见,两次波之间的相位差与 φ_0 无关,即使 φ_0 变了,相位差 $\varphi_{10} - \varphi_{20}$ 也不变.这一点对保证两光束的"相干"是很重要的.

令双孔间距为 d,接收屏与双孔屏间的距离为 D,接收屏上横向观测范围为 X,我们设 $d^2 \ll D^2$（远场条件）,$X^2 \ll D^2$（傍轴条件）,设 S_1、S_2 距 S 等远,即 $R_1 = R_2$,从而 $\varphi_{10} = \varphi_{20}$,可取两者皆为 0.如图 3.48 所示,从 S_1、S_2 连线的中点 O 作 z 轴垂直于双孔屏和接收屏,令接收屏上场点 P 的横向距离为 x,OP 与 z 轴的夹角为 θ.在远场条件下可认为 $S_1P /\!/ S_2P$,在傍轴条件下可认为 OP 也与它们平行.自 S_1 作 OP 和 S_2P 的垂线,交 S_2P 于 N,则 $\overline{S_2N}$ 近似等于光程差:

$$r_1 - r_2 \approx \overline{S_2N} = d\sin\theta \approx \frac{dx}{D} \tag{3.81}$$

得相位差为

$$\delta(P) = \frac{2\pi(r_1 - r_2)}{\lambda} = \frac{2\pi d}{\lambda D}x \tag{3.82}$$

干涉条纹的形状,即等强度线是一组纵向（即与图 3.48(a)图面垂直）的平行直线,强度随 $\delta(P)$ 作周期性变化.干涉条纹的间距定义为两条相邻亮纹（强度极大）或两条暗纹（强度极小）之间的距离.因为两条相邻条纹之间的光程相差 λ,将式(3.81)中的 $r_1 - r_2$ 写成光程差 $\Delta L = \lambda$,x 写成条纹间隔 Δx,则有

$$\Delta x = \frac{\lambda D}{d} \tag{3.83}$$

3.8.2　光场的相干性

(1) 空间相干性和时间相干性都着眼于光波场中各点（次波源）是否相干的问题.从本质上看,空间相干性问题来源于扩展光源不同部分发光的独立性;时间相干性问题来源于光源发光过程在时间上的断续性.从后果上看,空间相干性问题表现在波场的横方向（波前）上,集中于分波前的干涉装置内;时间相干性问题表现在波场的纵方向（波线）上,集中于长光程差的分振幅干涉装置上.当然这并不是绝对的,例如,薄膜干涉的定域问题实质上是空间相干性问题.

(2) 空间相干性用相干区域的孔径角 $\Delta\theta_0$、线度 d 和相干面积 $S = d^2$ 来描述,它们与光源宽度 b 的关系由空间相干性的反比公式决定:

$$b\Delta\theta_0 \approx \lambda$$

时间相干性用相干长度 L_0（波列长度）、相干时间 τ_0（波列持续时间）或最大光程差 ΔL_{max} 来描述,它们与表征光源非单色性的量——谱线宽度 $\Delta\lambda$（或 Δk、$\Delta\nu$）成反比关系:

$$L_0\frac{\Delta\lambda}{\lambda^2} \approx 1 \quad \text{或} \quad \tau_0\Delta\nu \approx 1$$

(3) 无论是衡量时间相干性的相干时间还是衡量空间相干性的相干区域大小,都不是一个截然的界限,也就是并非只要在它们的限度之内就 100% 地产生干涉,一超出它们干涉条纹就完全消失;干涉条纹的消失过程是逐渐的,其衬比度由大到小,逐渐下降到 0.这表明,即使稍微超过相干时间或相干区域的限度一些,也还可能有点相干成分;而在相干时间或相干区域的限度以内,也可能有点非相干成分.不过在它们的限度以内,相干成分占主导地位,产生的干涉条纹的衬比度较大;超过它们的限度,非相干成分逐渐取代了相干成分而居于主导地位,干涉条纹的衬比度逐渐降到 0.总之,在相干时间或相干区域以内,部分相干是更为

一般的情况.衬比度 γ 的数值可作为相干程度高低的一种量度.

3.8.3 薄膜干涉——等厚干涉

1. 薄膜干涉表面的等厚条纹

本小节着重研究薄膜表面的干涉条纹,先计算光程差.如图 3.49 所示,设薄膜折射率为 n,上下两方的折射率分别为 n_1 和 n_2,场点 P 处膜厚为 h.从点光源 Q 发出的两条特定的光线交于 P 点,它们的光程差为

$$\Delta L(P) = (QABP) - (QP) = (QA) - (QP) + (ABP)$$

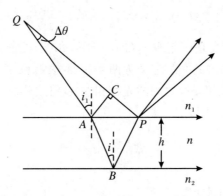

图 3.49

由于膜很薄,A 和 P 两点很近,夹角 $\Delta\theta$ 很小,作为一级近似,可作 AC 垂直于 QP,则

$$(QA) - (QP) \approx -(CP) = -n_1\,\overline{AP}\sin i_1 = -n\,\overline{AP}\sin i$$
$$= -n(2h\tan i)\sin i = -\frac{2nh\sin^2 i}{\cos i}$$

此外

$$(ABP) = 2(AB) \approx \frac{2nh}{\cos i}$$

代入光程差表达式,即得

$$\Delta L(P) \approx 2nh\cos i \tag{3.84}$$

其中 i 是光线在薄膜内的倾角.干涉强度的极大(亮纹)和极小(暗纹)分别位于以下地方:

$$\begin{cases} \Delta L(P) = k\lambda & \text{或} \quad h = \dfrac{k\lambda}{2n\cos i} \quad \text{极大} \\[3mm] \Delta L(P) = \dfrac{2k+1}{2}\lambda & \text{或} \quad h = \dfrac{(2k+1)\lambda}{4n\cos i} \quad \text{极小} \end{cases}$$

式中 λ 是真空中的波长.

在电介质表面反射时可能产生半波损失,即相位发生 $\frac{\pi}{2}$ 突变.有无半波损失要看界面两侧的折射率,当光从光疏介质到光密介质发生反射时会有半波损失,即相位发生 $\frac{\pi}{2}$ 突变.在薄膜干涉的问题中我们关心的是,从上下表面反射的两光束之间是否因半波损失而出现额外的 $\frac{\pi}{2}$ 相位差,或者说额外的 $\frac{\lambda}{2}$ 光程差,下面我们仅在这种意义下笼统地说有无半

波损失.仅就这个问题而言,结论是**当 $n_1 < n > n_2$ 或 $n_1 > n < n_2$ 时有半波损失,当 $n_1 > n > n_2$ 或 $n_1 < n < n_2$ 时无半波损失**.有无半波损失的差别仅在于干涉条纹的级数差半级,即亮暗纹对调,并不影响条纹的其他特征,如形状、间隔、衬比度等.在实际中人们经常关心的只是条纹的相对变动,只有少数场合需要确定条纹的绝对级数.为了公式和叙述的简洁,今后我们一般不去理会半波损失,只在必要时才指出它的存在,届时再将亮暗纹的地位调换过来就是了.

薄膜表面干涉条纹的形状与照明和观察的方式有很大的关系.下面只讨论实际中采用最多的正入射方式,即入射光和反射光处处与薄膜表面垂直.这时式(3.84)中的 $i = 0$,

$$\Delta L(P) = 2nh \tag{3.85}$$

即下表面反射的光比上表面反射的光多走的路程就是前者在薄膜内部一次垂直的往返.薄膜上厚度相等各点的轨迹称为它的**等厚线**.如果薄膜的折射率是均匀的,则 ΔL 只与厚度 h 有关,因此光的强度也取决于 h,亦即沿等厚线的强度相等.薄膜表面上的这种沿等厚线分布的干涉条纹称为**等厚干涉条纹**.由于相邻条纹上的光程差 ΔL 相差一个波长,因此相邻等厚条纹对应的厚度差为

$$\Delta h = \frac{\lambda}{2n} \tag{3.86}$$

即介质内波长 $\frac{\lambda}{n}$ 的一半.

由于等厚干涉条纹可以将薄膜厚度的分布情况直观地表现出来,它是研究薄膜性质的一种重要手段.科学技术的发展对度量的精确性提出了愈来愈高的要求.精密机械零件的尺寸必须准确到以至 $10^{-1}~\mu m$ 的数量级,对精密光学仪器零件精密度的要求更高,达 $10^{-2}~\mu m$ 的数量级.用机械的检验方法达到这样的精密度是十分困难的,但光的干涉条纹可将在波长 λ 的数量级以下的微小长度差别和变化反映出来(可见光波长的数量级平均为 $0.5~\mu m$),这就为我们提供了检验精密机械或光学零件的重要方法,这类方法在现代科学技术中的应用是非常广泛的.下面我们分析两个等厚干涉条纹的特例,并结合这些例子介绍一些光的干涉在精密度量方面的应用.

2. 劈尖的等厚干涉

现在我们考虑介于一对不平行的反射平面之间的劈形空气薄膜形成的等厚干涉条纹(图 3.50(a)).不难看出,这种薄膜的等厚线是一组平行于交棱的直线(图中粗线).图 3.50(b)是劈形薄膜等厚干涉条纹的照片.

由于相邻干涉条纹上的高度相差 $\frac{\lambda}{2}$,条纹间隔 Δx 与劈的顶角 α 之间的关系为

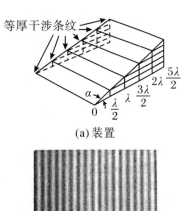

(a) 装置

(b) 干涉条纹

图 3.50

$$\Delta x = \frac{\lambda}{2\alpha} \quad 或 \quad \alpha = \frac{\lambda}{2\Delta x}$$

如果波长 λ 已知,测得 Δx,便可根据上式求得 α 角.利用这种方法测量玻璃板的不平行度,可达 $1''$ 的数量级.

从劈形薄膜可演化出多种多样的测量装置.例如,为了测量细丝的直径,我们可以把它夹在两块平面玻璃

板的一端,而玻璃板的另一端压紧(图3.51).这样,在两玻璃板间就形成一劈形空气层.通过对其顶角 α 的测量,或者更简单一些,数一下从棱线到细丝间干涉条纹的数目,即可求出细丝的直径.为了精确测量较大的长度,则需将待测物体的长度与标准块规的长度进行比较.图3.52所示为测量滚珠直径的装置.将滚珠 K 和标准块规 G 放在平板 $\varPi_2$ 上,上面盖一块平面玻璃板 $\varPi_1$,从 $\varPi_1$ 和 G 之间劈形空气层的等厚条纹求得角 α,由此可算出 K 的直径与 G 的长度之间的差值.

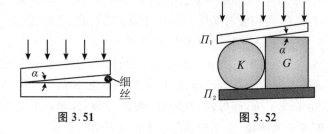

图 3.51   图 3.52

3. 牛顿环

如图3.53所示,如果我们把一个曲率半径很大的凸透镜放在一块平面玻璃板上,两者之间形成一厚度不均匀的空气层.设接触点为 O,显然等厚线是以 O 为中心的圆,因此等厚干涉条纹是一系列以 O 为中心的同心圆环.这种干涉条纹是牛顿首先观察到并加以描述的,故称为**牛顿环**.由于有半波损失,中心 O 点($\Delta L = 0$)为暗点.现在我们推导第 k 级暗纹的半径 r_k 与透镜曲率半径 R 的关系.如图3.53所示,C 为透镜的曲率中心,P_k 为第 k 级暗纹位置,过 P_k 作 CO 的垂线 P_kD,则有

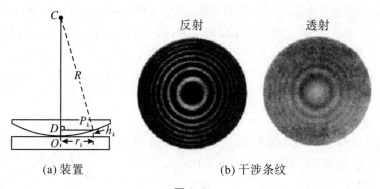

反射   透射

(a) 装置   (b) 干涉条纹

图 3.53

$$\overline{DP_k}^2 = \overline{CP_k}^2 - \overline{CD}^2$$

此处 $\overline{OD} = h_k = \dfrac{k\lambda}{2}$,$\overline{CD} = R - h_k$;$\overline{CP_k} = R$,$\overline{DP_k} = r_k$.于是

$$r_k^2 = R^2 - (R - h_k)^2 = 2Rh_k - h_k^2$$

由于 $R \gg h_k = \dfrac{k\lambda}{2}$,上式右端第二项可以忽略,最后得到

$$r_k^2 = 2Rh_k = kR\lambda$$

或

$$r_k = \sqrt{kR\lambda} \tag{3.87}$$

上式表明，r_k 与 k 的平方根成正比，即

$$r_1 : r_2 : r_3 : \cdots = 1 : \sqrt{2} : \sqrt{3} : \cdots$$

所以随着级数 k 增大，干涉条纹变密（参看图 3.53(b)）. 如果 λ 为已知，用测距显微镜测得 r_k，便可求得透镜的曲率半径 R. 不过应该注意，由于存在灰尘或其他因素，致使中心 O 处两表面不是严格密接的. 为了消除这种误差，可测出某一圈的半径 r_k 和由它向外数第 m 圈的半径 r_{k+m}，据此可算出 R 来：

$$R = \frac{r_{k+m}^2 - r_k^2}{m\lambda} \tag{3.88}$$

在光学冷加工车间中经常利用牛顿环快速检测工件（透镜）表面曲率是否合格，并作出判断，确定应该如何研磨.

3.8.4　薄膜干涉——等倾干涉

下面我们讨论无穷远处的干涉条纹，这样的干涉条纹是薄膜上彼此平行的反射光线产生的. 如果用透镜来观察，条纹将出现在它的焦面上. 我们局限于薄膜上下表面平行的情形，这时入射线将重合在一起，我们把光线图放大了重画于图 3.54 中，并据此来计算两反射光在焦面上 P 点相交时的光程差.

如图 3.54 所示，作两面反射线的垂线 CB，根据物像间的等光程性，光程 $(BP) = (CP)$，于是 $\Delta L = (ARC) - (AB)$. 作 CD 垂直于折射线 AR，因

$$\overline{AB} = \overline{AC}\sin i_1, \quad \overline{AD} = \overline{AC}\sin i,$$

故

$$\frac{\overline{AB}}{\overline{AD}} = \frac{\sin i_1}{\sin i} = \frac{n}{n_1}$$

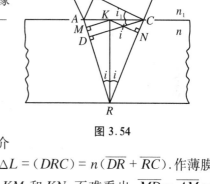

图 3.54

其中 i_1 和 i 分别为入射角和折射角，n_1 和 n 为两种介质的折射率，即 $n\overline{AD} = n_1\overline{AB}$，亦即 $(AD) = (AB)$. 故 $\Delta L = (DRC) = n(\overline{DR} + \overline{RC})$. 作薄膜上下表面的垂线 KR，由 K 分别作 AR 和 RC 的垂线 KM 和 KN，不难看出 $\overline{MD} = \overline{AM} = \overline{NC}$. 因而 $\Delta L = (\overline{MR} + \overline{RN})$. 又 $\overline{MR} = \overline{RN} = \overline{KR}\cos i = h\cos i$（$h$ 为膜的厚度），最后得到

$$\Delta L = 2nh\cos i \tag{3.89}$$

由于膜的厚度 h 是均匀的（我们设 n 也是均匀的），引起 ΔL 变化的唯一因素是倾角 i，ΔL 随 i 的增大而减小.

观察无穷远干涉条纹的装置如图 3.55 所示，其中 Q 是点光源，M 是半反射的玻璃板，L 是望远物镜，其光轴与薄膜表面垂直，屏幕放在 L 的焦面上. 为了找到彼此平行的反射线在屏幕上的交点 P，只需通过 L 的光心作平行于反射线的辅助线（图 3.55 中的灰色线），由此可看出，P 点到屏幕中心 O 的距离只决定于倾角. 于是具有相同倾角的反射线排列在一圆锥面上（见图 3.56），它们在屏幕上交点的轨迹将是以 O 为中心

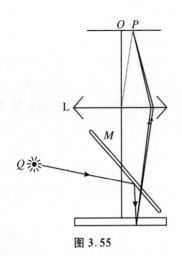

图 3.55

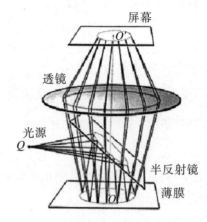

图 3.56

图 3.57

的圆圈.由于在此圆圈上各点相交的相干光线间光程差相等,亦即屏幕上看到的干涉条纹是以 O 为中心的同心圆圈(见图 3.57).由于这种干涉条纹是等倾角光线交点的轨迹,故称**等倾干涉条纹**.

下面我们分析等倾干涉条纹半径的规律.首先,越靠近中心点 O,条纹对应的倾角 i 越小,光程差就越大,从而条纹的级数就越高.其次,当倾角不大时,可近似认为相邻条纹半径之差 $r_{k+1} - r_k$ 正比于倾角之差 $i_{k+1} - i_k$,后者可计算如下:按式(3.89)有

$$
\begin{cases}
第\,k\,级条纹 \quad \Delta L = k\lambda, \quad \cos i_k = \dfrac{k\lambda}{2nh} \\[2mm]
第\,k+1\,级条纹 \quad \Delta L = (k+1)\lambda, \quad \cos i_{k+1} = \dfrac{(k+1)\lambda}{2nh}
\end{cases}
$$

故

$$
\cos i_{k+1} - \cos i_k = \frac{\lambda}{2nh}
$$

这里 λ 为真空中波长.又

$$
\cos i_{k+1} - \cos i_k \approx \left(\frac{\mathrm{d}\cos i}{\mathrm{d}i}\right)_{i=i_k}(i_{k+1} - i_k) = -\sin i_k(i_{k+1} - i_k)
$$

于是得到

$$
\Delta r = r_{k+1} - r_k \propto i_{k+1} - i_k = \frac{-\lambda}{2h\sin i_k} \tag{3.90}
$$

式中负号表明上述 $r_{k+1} < r_k$ 的事实.式(3.90)表明,i_k 愈大,$|\Delta r|$ 就愈小,亦即在干涉图样中离中心远的地方条纹较密.此外,h 愈大,$|\Delta r|$ 也愈小,亦即较厚的膜产生的等倾条纹较密.最后,我们研究一下,当膜的厚度 h 连续变化时干涉条纹发生的变化.中心点 O 的光程差 $\Delta L = 2nh$,每当 h 改变 $\dfrac{\lambda}{2n}$ 时,ΔL 改变 λ,中心斑点的级数改变 1.设原来 $h = h_k = \dfrac{k\lambda}{2n}$,这时中心斑点的级数为 k,从中心算起的第 $1、2、3、\cdots$ 根条纹的级数顺次为 $k-1、k-2、k-3、\cdots$.当 h 增大到 $h_{k+1} = \dfrac{(k+1)\lambda}{2n}$ 时,中心斑点的级数变为 $k+1$,从中心算起的第 $1、2、\cdots$ 根条纹的级数顺次变为 $k、k-1、\cdots$.换句话说,原来的中心斑点变成第 1 圈,原来的第 1 圈变成第 2 圈⋯⋯同时在中心生出一个新的斑点.所以当 h 连续增大时,我们看到的是中心强度周期地

变化着,由这里不断冒出新的条纹,它们像水波似地发散出去.对于 h 连续减小的情形可作同样的分析.这时我们看到的景象恰好与上面描述的相反,圆形条纹不断向中心会聚,直到缩成一个斑点后在中心消失掉.由于中心强度每改变一个周期(即吐出或吞进一个条纹),就表明 h 改变了 $\dfrac{\lambda}{2n}$,利用这种方法可以精确地测定 h 的改变量.

例 1 如图 3.58 所示的洛埃镜镜长 $l = 7.5$ cm,点光源 S 到镜面的距离 $d = 0.15$ mm,到镜面左端的距离 $b = 4.5$ cm,光屏 M 垂直于平面镜且与点光源 S 相距 $L = 1.2$ m.如果光源发出长 $\lambda = 6 \times 10^{-7}$ m 的单色光.

(1) 在光屏上什么范围内有干涉的条纹?

(2) 相邻的明条纹之间距离多大?

(3) 在该范围内第一条暗条纹位于何处?

解 洛埃镜是一个类似双缝干涉的装置.分析它的干涉现象,主要是找出点光源 S 和它在平面镜中的像 S',这两个就是相干光源,然后就可利用杨氏双缝干涉的结论来求解.但注意,在计算光程差时,应考虑光线从光疏媒质入射到光密媒质时,反射光与入射光相位差 $180°$,即发生半波损失.

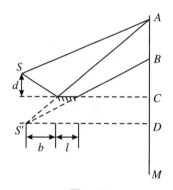

图 3.58

(1) 如图 3.58 所示,S 点光源发出的光一部分直接射到光屏上,另一部分经平面镜反射后再射到光屏,这部分的光线好像从像点 S' 发出,因为到达光屏这两部分都是由 S 点光源发出的,所以是相干光源.这两部分光束在光屏中的相交范围 AB 就是干涉条纹的范围.由图中的几何关系可以得到

$$\frac{b}{d} = \frac{L}{\overline{AD}} \qquad ①$$

$$\frac{b + l}{d} = \frac{L}{\overline{BD}} \qquad ②$$

由①②两式解得

$$\overline{AD} = \frac{Ld}{b} = 4 \text{ cm}, \qquad \overline{BD} = \frac{Ld}{b + l} = 1.5 \text{ cm}$$

由图中可知

$$\overline{AC} = \overline{AD} - d = 3.85 \text{ cm} \qquad ③$$

$$\overline{BC} = \overline{BD} - d = 1.35 \text{ cm} \qquad ④$$

由③④两式可知在距离光屏与平面镜延长线交点 C 相距 $1.35 \sim 3.85$ cm 之间出现干涉条纹.

(2) 相邻干涉条纹的距离为

$$\Delta x = \frac{L}{2d}\lambda = 2.4 \times 10^{-4} \text{ m} = 0.024 \text{ cm}$$

(3) 由于从平面镜反射的光线出现半波损失,暗条纹所在位置 S 和 S' 的光程差应当满足

$$\delta = \frac{2dx}{l} + \frac{\lambda}{2} = \frac{2k + 1}{2}\lambda$$

即

$$x = \frac{kl\lambda}{2d} \qquad ⑤$$

又因为条纹必须出现在干涉区,从第(1)小题可知,第一条暗纹还应当满足

$$x \geqslant \overline{BC} = 1.35 \text{ cm} \qquad ⑥$$

由⑤⑥两式解得

$$k = 6, \quad x = 1.44 \text{ cm}$$

即在距离 C 点 1.44 cm 处出现第一条暗条纹.

例 2 一束白光以角 $\alpha = 30°$ 射在肥皂膜上,反射光中波长 $\lambda_0 = 0.5 \ \mu$m 的绿光显得特别明亮.

(1) 试问薄膜最小厚度为多少?

(2) 从垂直方向观察,薄膜是什么颜色? 肥皂膜液体的折射率 $n = 1.33$.

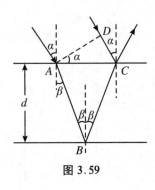

图 3.59

解 (1) 如图 3.59 所示,入射到 A 点的光束一部分被反射,另一部分被折射并到达 B 点.在 B 点又有一部分再次被反射,并经折射后在 C 点出射.光线 DC 也在 C 点反射.远方的观察者将同时观察到这两条光线.

在平面 AD 上,整个光束有相同的相位.我们必须计算直接从第一表面来的光线与第二表面来的光线之间的相位差.它取决于光程差,即取决于薄膜的厚度.无论发生相长干涉或相消干涉,白光中包含的各种波长的光线都会在观察的光中出现.

光线从 A 到 C 经第二表面反射的路程为

$$\overline{AB} + \overline{BC} = \frac{2d}{\cos\beta}$$

在介质中波长为 $\frac{\lambda_0}{n}$,故在距离 $\overline{AB} + \overline{BC}$ 上的波数为

$$\frac{2d}{\cos\beta} : \frac{\lambda_0}{n} = \frac{2nd}{\lambda_0\cos\beta}$$

光线从 D 到 C 经第一表面反射的路程为

$$\overline{DC} = \overline{AC}\sin\alpha = 2d\tan\beta\sin\alpha = 2d\frac{\sin\alpha\sin\beta}{\cos\beta}$$

在这段距离上,波长为 λ_0,故波数为

$$\frac{2d\sin\beta\sin\alpha}{\lambda_0\cos\beta}$$

我们知道,当光从较大折射率的介质反射时,光经历 180° 相位差,故 DC 段的波数为

$$\frac{2d\sin\beta\sin\alpha}{\lambda_0\cos\beta} + \frac{1}{2}$$

如果波数差为整数 k,则出现加强,即

$$k = \frac{2nd}{\lambda_0\cos\beta} - \frac{2d\sin\beta\sin\alpha}{\lambda_0\cos\beta} - \frac{1}{2}$$

$$= \frac{2nd}{\lambda_0\cos\beta}(1 - \sin^2\beta) - \frac{1}{2}$$

$$= \frac{2nd\cos\beta}{\lambda_0} - \frac{1}{2}$$

$$= \frac{2d}{\lambda_0} \sqrt{n^2 - \sin^2\alpha} - \frac{1}{2}$$

经过一些变换后,得到下述形式的加强条件:

$$\frac{4d}{\lambda_0} \sqrt{n^2 - \sin^2\alpha} = 2k + 1$$

哪一种波长可得到极大加强,这只取决于几何路程和折射率.我们无法得到纯单色光.这是由于邻近波长的光也要出现,虽然较弱.k 较大时,色彩就浅一些.所以如平板或膜太厚,就看不到彩色,呈现出一片灰白.本题中提到绿光明亮,且要求薄膜的最小厚度.因此我们应取 $k = 0$,得到膜层厚度为

$$d = \frac{\lambda_0}{4 \sqrt{n^2 - \sin^2\alpha}} = 0.1 \ \mu m$$

(2)对于垂直入射,若 $k = 0$,呈现极大加强的波长为

$$\lambda_0 = 4d \sqrt{n^2 - \sin^2 0} = 4dn$$

用第(1)小题的 d 值,得

$$\lambda_b = \lambda_0 \frac{n}{\sqrt{n^2 - \sin^2\alpha}} = \frac{\lambda_0}{\cos\beta}$$

对于任何厚度的膜层,λ_b 可从 λ_0 用同样的方式算出.在本题中

$$\lambda_b = 1.079\lambda_0 = 0.540 \ \mu m$$

它与稍带黄色的绿光相对应.

3.9 光 的 衍 射

3.9.1 光的衍射现象

波在其传播过程中遇到障碍物或孔隙时,将不再沿直线传播而偏离直线传播方向,这种现象称为波的衍射.声波、水波都有衍射现象,这为人们所熟知.光波也有衍射,而且对衍射现象做出正确解释的惠更斯-菲涅耳原理正是在研究光的衍射时建立起来的.

波的衍射显著与否跟障碍物或孔隙的尺寸和波长的数值有关.可见光的波长在 10^{-7} m 的数量级,当障碍物或孔径的尺寸在 10^{-2} m 或更大的数量级时,衍射现象很不显著,因而不易观察到.但是,当障碍物或孔径的尺寸变小且在实验室条件下进行观察时,很容易看到**光的衍射**现象.

光的衍射不仅能在实验室中观察到,在日常生活中也能发现光的衍射现象.例如,若眯缝着眼,使光通过上下眼皮间的缝进入眼睛,在看远处发光的白炽灯泡时,就会看到在灯泡的上下有向外扩展的光芒;并拢五指,使指缝与日光灯管平行,透过指缝看发光的日光灯,也会看到明暗条纹,这些就是光通过眼皮间的细缝或指缝时发生单缝衍射而在视网膜上产生的衍射图像.

光的衍射现象进一步有力地支持了光的波动说.1818 年,巴黎科学院举行了一次以解

释衍射现象为内容的科学竞赛,年仅30岁的菲涅耳以光的波动理论的基本原理(后称惠更斯-菲涅耳原理)成功地解释了光的衍射,摘取了竞赛的桂冠.竞赛委员会成员、法国科学家泊松(1781～1840)是微粒说的拥护者,他运用菲涅耳的理论推导出一个结论:光投射到一个不透明的小圆盘时,如果菲涅耳的理论是对的,在圆盘后面的轴线上不太近的地方放一屏,屏上圆盘阴影中心就应出现一亮点.泊松认为这个结果是十分荒谬、完全违背常识的,因此他宣称可以以此驳倒波动说.菲涅耳等人接受了这一挑战,立即对此进行实验.不久,阿拉果(1786～1853)非常精彩地在实验中验证了,圆盘阴影中心确实出现了一个亮点

图 3.60

(图3.60).菲涅耳的理论得到了极大的成功,他因此被称为"物理光学的缔造者".历史上把这个亮点称为"泊松亮点",为的是纪念泊松的质疑对光学研究的促进作用,这也是科学界公正精神的一种体现.

3.9.2　惠更斯-菲涅耳原理

惠更斯-菲涅耳原理是研究衍射现象的理论基础.

我们知道,波动具有两个基本性质,一方面它是扰动的传播,一点的扰动能够引起其他点的扰动,各点的扰动相互之间是有联系的;另一方面,它具有时空周期性,能够相干叠加.惠更斯原理中的"次波"概念反映了上述前一基本性质,这是该原理中成功的地方.但当时对波动的认识还很肤浅,惠更斯把光看成像空气中的声波那样的纵波,他所谓的"扰动"是爆发式的非周期性无规脉冲,故而波的后一性质(时空周期性)在原理中没有得到反映.缺少这一点,对各次波应如何叠加的问题就不可能给出令人满意的回答.

由于牛顿的极高威望,以及牛顿的追随者极力推崇的微粒说的强大影响,光的波动理论长期停滞不前,几乎过了100年才复兴起来.19世纪初,托马斯·杨用波的叠加原理解释了薄膜的颜色,首先提出"干涉"一词,用以概括波与波的相互作用.为了验证自己的理论,他做了一个双缝干涉实验,即人所共知的著名的杨氏实验.杨对出现于影界附近的衍射条纹给出了正确的解释,他把衍射看成是直接通过缝的光和边界波之间的干涉.可惜,当时杨的这些富有价值的光学研究未被重视.只是到了1818年,在巴黎科学院举行的以解释衍射现象为内容的有奖竞赛会上,年轻的菲涅耳出人意料地取得了优胜以后,才开始了光的波动说的兴旺时期.菲涅耳吸取了惠更斯提出的次波概念,用"次波相干叠加"的思想将所有衍射情况归结到统一的原理中来,这就是一般教科书中所说的惠更斯-菲涅耳原理.现在就来介绍这个原理的具体内容.

如图3.61所示,S 为点波源,Σ 为从 S 发出的球面波在某时刻到达的波面,P 为波场中的某个点.如果要问波在 P 点引起的振动如何,则惠更斯-菲涅耳原理告诉我们,应该把 Σ 面分割成无穷多个小面元 $\mathrm{d}\Sigma$,把每个 $\mathrm{d}\Sigma$ 看成发射次波的波源,所有面元发射的次波将在 P 点相遇.一般来说,由各面元 $\mathrm{d}\Sigma$ 到 P 点的光程是不同的,从而在 P 点引起的振动相位不同.P 点的总振动就是这些次波在这里相干叠加的结果.以上就是惠更斯-菲涅耳原理的基本思想.

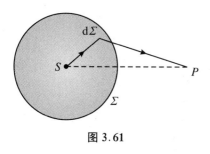

图 3.61

实际上,惠更斯-菲涅耳原理还可以理解得更广一些,即上述 Σ 面不一定是从 S 发出光波的波面,它可以是将源点 S 和场点 P 隔开的任何曲面(波前).不过这样一来就必须考虑到,由于 S 到 Σ 面上各面元 dΣ 的光程一般不相同,从而这些次波源各有各的相位.

用简短的文字概括起来,惠更斯-菲涅耳原理可表述如下:**波前 Σ 上每个面元 dΣ 都可以看成是新的振动中心,它们发出次波.在空间某一点 P 的振动是所有**这些次波在该点的相干叠加.

3.9.3　衍射的分类

衍射系统由光源、衍射屏和接收屏幕组成.通常按它们相互间距离的大小将衍射分为两类:一类是光源和接收屏幕(或两者之一)距离衍射屏有限远(见图 3.62(a)),这类衍射叫做菲涅耳衍射;另一类是光源和接收屏幕都距离衍射屏无穷远(见图 3.62(b)),这类衍射叫做夫琅禾费衍射.两种衍射的区分是从理论计算上考虑的.可以看出,菲涅耳衍射是普遍的,夫琅禾费衍射本是它的一个特例.不过由于夫琅禾费衍射的计算简单得多,人们把它单独归成一类进行研究.近年来发展起来的傅里叶变换光学赋予夫琅禾费衍射以新的重要意义.显然,在实验室中实现图 3.62(b)所示的那种夫琅禾费装置的原型是有困难的,但我们可以近似地或利用成像光学系统(透镜)使之实现.实际中夫琅禾费衍射的装置可以有许多变型.

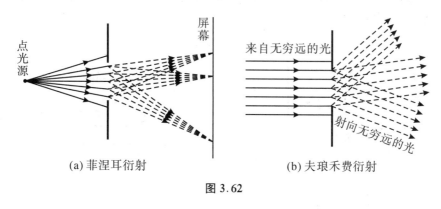

(a) 菲涅耳衍射　　　　　(b) 夫琅禾费衍射

图 3.62

3.9.4　夫琅禾费单缝衍射

图 3.63 中狭缝 AB 的宽度为 a,它被从左侧射来的平行光束照亮.AB 上各点是初相位相同的子波源,这些子波在空间各点处发生干涉,现在考虑这些子波沿与狭缝面法线成 θ 角方向的相互干涉,子波沿此方向的光线称为衍射光线,θ 为衍射角.这些衍射光线相互平行,所以这是平行光的干涉:这些平行光将在无穷远处相交.过 B 作一与从 A 点发出的衍射线相垂直的线段,两者交于 C 点,则 BC 上各点至无穷远处的距离相等,但从 A、B 两点至无穷远处的路程将不同,其差值为

$$\overline{AC} = a\sin\theta$$

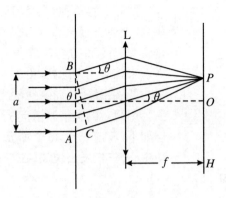

图 3.63

A、B 之间各点跟 B 点至无穷远处的路程也不同,其差值在 0 和 $a\sin\theta$ 之间.在光的干涉中,我们知道,两束光的干涉结果决定于两束光的路程差.在这里,诸衍射光线的路程差决定干涉的结果.衍射光线的路程差又决定于衍射角 θ 和缝宽 a,所以在不同方向(θ 不同)将出现明暗不同的结果,而宽度 a 不同的狭缝的衍射图样也不同.在无穷远处观察是不可能的,在狭缝后放一透镜 L,平行光将会聚于 L 的焦点上,这就是无穷远处物点的像点.这样,就把无穷远的衍射图样移到 L 的焦面上了,观察起来十分方便.为使图面简洁,在下面的讨论中只画出平行衍射光而略去 L 及通过 L 成像的光路.

要求得整个狭缝上连续分布的所有子波源发出的衍射光线相互干涉的结果,需要采取积分的方法.采用下述的半波带方法,可以求得有关衍射条纹的某些结论.

(1) 当衍射角 $\theta = 0$ 时,$\overline{AC} = 0$,所有衍射光线路程差为零,它们互相加强,在 L 的焦点处形成中央亮纹(图 3.64(a)).

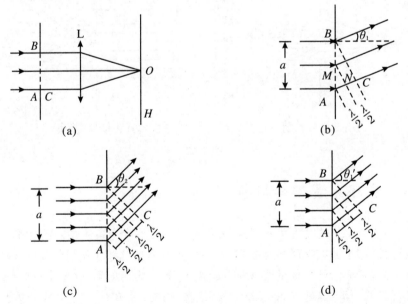

图 3.64

(2) 设衍射角为 θ_1 时 $\overline{AC} = \lambda$,λ 为入射光的波长.将狭缝 AB 分为等大的 AM、MB 两部分(图 3.64(b)),过 M 画垂直于 AC 的垂线 MN,则 $\overline{AN} = \overline{NC} = \dfrac{\lambda}{2}$,$B$ 点的衍射线与 AM 部

分 M 点的衍射线的路程差恰好为 $\frac{\lambda}{2}$，两者相互抵消. 对应于 MB 上的任一点都可在 AM 上找到一点，它们之间的路程差是 $\frac{\lambda}{2}$，因而上下两部分的衍射光线全部相互抵消，在 θ_1 方向的光强为零，在与 θ_1 相应的焦面上 P_1 处将出现暗纹. AM 和 MB 这样两个路程差为 $\frac{\lambda}{2}$ 的狭带称为**半波带**.

(3) 若 $\theta = \theta_2$ 时，$\overline{AC} = a\sin\theta_2 = 2\lambda$，则可将狭缝分为 4 个半波带(图 3.64(c))，从这四个半波带发出的衍射光线两两相消，最后沿此方向的光强也为零，屏上也将出现暗纹. 依此类推，$\overline{AC} = 3\lambda, 4\lambda, \cdots$ 时，均将出现暗纹.

(4) 若 $\theta = \theta_1'$ 时，$\overline{AC} = a\sin\theta_1' = \left(1 + \frac{1}{2}\right)\lambda$，则可将狭缝分为 3 个半波带(图 3.64(d))，其中相邻的两个半波带的衍射光相消，剩下的一个半波带的衍射光相互叠加，在屏上将出现一条亮纹. 由于只有 $\frac{1}{3}$ 狭缝发出的光起作用，而且这些光线的路程并不相同，有某种程度的相位差，所以这个亮纹的强度将比中央亮纹小得多. 由严格的积分计算，此处光强 $I_1 = 0.047I_0$，I_0 为中央亮纹的光强. 当衍射角 θ 进一步增大，$a\sin\theta = \left(2 + \frac{1}{2}\right)\lambda, \left(3 + \frac{1}{2}\right)\lambda, \cdots$ 时，就可以将狭缝分为 5 个，7 个，$\cdots$ 半波带，按照同样分析，在这些方向将出现光强越来越小的亮纹.

综上所述，当平行单色光垂直于单缝平面入射时，单缝衍射形成的明暗条纹的位置可由下面的单缝衍射公式决定：

$$暗纹中心：\sin\theta = \pm k\frac{\lambda}{a} \quad (k = 1, 2, 3, \cdots)$$

$$明纹中心：\sin\theta = \pm\left(k + \frac{1}{2}\right)\frac{\lambda}{a} \quad (k = 1, 2, 3, \cdots)$$

$$中央亮纹中心：\theta = 0$$

单缝衍射的相对光强分布如图 3.65 所示.

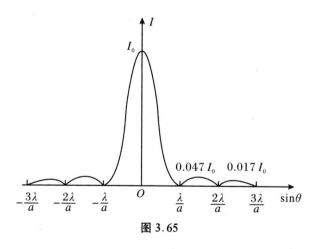

图 3.65

3.9.5 衍射光栅

由上述可知,光通过单缝产生的衍射条纹的位置(可用衍射角 θ 表示)与光波的波长有关,因此在原则上利用已知级数的衍射条纹的衍射角 θ 和狭缝宽度可以测定光波的波长.另一方面,在入射光是太阳光或其他复色光的情况下,不同的色光衍射条纹的衍射角不同,狭缝像棱镜一样具有分光作用,能产生光谱.这表明,单缝衍射可有某种实用价值.但是,单缝的衍射条纹比较宽,而且亮度也随条纹级数的增加迅速下降,所以无论是从测量的精确度还是从可分辨程度上来说,单缝衍射都不能达到实用要求.实验表明,如果增加狭缝的个数,衍射条纹的宽度将变窄,亮度将增加.

光谱学实验中用的**衍射光栅**就是据此而制成的,它是由许多等宽的狭缝等距离地排列起来形成的光学器件.在一块很平的玻璃上用金刚石刀尖刻出一系列等距的平行刻痕,刻痕处因漫反射而不大透光,未刻的部分就相当于透光的狭缝,这就做成了透射光栅.简易光栅可用照相方法制作,印有一系列平行而且等间距的黑色条纹的照相底片就是透射光栅.实用光栅每毫米内有几十条乃至上百条狭缝,宽 100 mm 的光栅上可以刻有 10 万多条狭缝.

为什么光栅衍射能够产生明亮而狭窄的条纹呢?

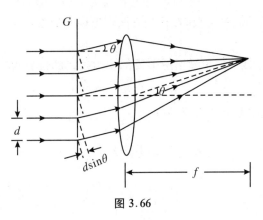

图 3.66

设光栅的每一条狭缝宽度为 a,不透光部分宽度为 b.我们把 $d = a + b$ 称为光栅常数,用 N 表示光栅的总缝数.当单色光垂直入射到光栅平面时,如果逐次地让具有 N 条缝的光栅的某一条缝透光,而把其余的 $N-1$ 条缝都遮挡起来,则可先后得到 N 幅相同的单缝衍射图样.当把光栅的 N 条缝同时打开时,由于光栅各缝发出的子波都是相干的,所以各缝在某一方向的衍射光波之间还将相互发生干涉,这是一种多光束(多缝)的干涉.在衍射角为 θ 时,光栅上从上到下,相邻两缝发出的衍射光到达 P 点时的路程差都等于 $d\sin\theta$,如图 3.66 所示.当 θ 满足

$$d\sin\theta = \pm k\lambda \quad (k = 0,1,2,\cdots)$$

时,根据上一节关于光的干涉的分析,所有缝发出的衍射光到达 P 点都是同相的,没有单缝衍射中所说的相互抵消的问题,它们互相干涉的结果都是相互增强,从而在 θ 方向形成光强大为增强的亮纹.上式称为**光栅方程**.因此光栅的衍射图样是每个缝自身的衍射和各缝之间的干涉的共同结果.这时在 P 点的光的合振幅应是来自一条缝的衍射光的振幅的 N 倍,合光强将是来自一条缝的光强的 N^2 倍,所以形成的亮纹的亮度要比一条缝时的亮度大的多.同时,运用菲涅耳原理对衍射光计算后还可知道,多缝干涉的结果将使光栅衍射的亮条纹的宽度比单缝时变窄很多.于是,光栅衍射的结果就是在几乎黑暗的背景上出现了一系列又细又亮的明条纹.当入射光中有多种波长的色光时,它们将分别在不同的方向形成自己的亮纹,这就是由光栅形成的光谱.

光栅衍射的这种特点使它成为科学实验和高新技术中常用的一种重要光学器件.

例1 波长为 5.00×10^{-7} m 的平行光垂直入射到一宽为 1 mm 的狭缝,缝后放一焦距

为 100 cm 的薄透镜,在焦平面上得到衍射条纹.求:

(1) 第一级暗纹中心到衍射图样中心(中央极大)的距离;

(2) 第一级次极大到衍射图样中心的距离.

解 (1) 单缝衍射的明纹中心位置为

$$\sin\theta = \pm \left(k + \frac{1}{2} \right) \frac{\lambda}{a} \quad (k = 1,2,3,\cdots)$$

暗纹中心位置为

$$\sin\theta = \pm k \frac{\lambda}{a} \quad (k = 1,2,3,\cdots)$$

其中 θ 为衍射角,λ 为波长,a 为单缝的宽度.由此得第一级暗纹中心到衍射图样中心的距离为(记衍射角为 θ_1)

$$d = f\tan\theta_1 \approx f\sin\theta_1 = f\frac{\lambda}{a} = 0.5 \text{ mm}$$

(2) 第一级次极大位置满足(记衍射角为 θ_1')

$$\sin\theta_1' = 1.43 \frac{\lambda}{a}$$

到衍射图样中心的距离为

$$d' = f\tan\theta_1' \approx f\sin\theta_1' = 0.715 \text{ mm}$$

习   题

1. 半径为 R 的半圆柱形玻璃砖的横截面如图 3.67 所示.O 为圆心.已知玻璃的折射率为 $\sqrt{2}$.当光由玻璃射向空气时,发生全反射的临界角为 45°,一束与 MN 平面成 45° 角的平行光束射到玻璃砖的半圆柱面上,经玻璃折射后,有部分光能从 MN 平面上射出.

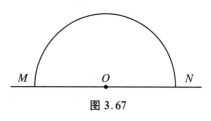

图 3.67

(1) 能从 MN 平面射出的光束的宽度为多少?

(2) 如果平行光束以 45° 角从空气射到半圆柱的平面表面上,此时从半圆柱面上出射的光束范围是多大?

2. 给定一厚度为 d 的平行平板,其折射率按下式变化:

$$n(x) = \frac{n_0}{1 - \dfrac{x}{r}}$$

一束光在 O 点由空气垂直入射平板,并在 A 点以角 α 出射(图 3.68).求 A 点的折射率 n_A,并确定 A 点的位置及平板厚度.(设 $n_0 = 1.2, r = 13 \text{ cm}, \alpha = 30°$.)

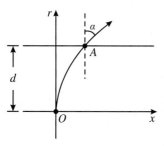

图 3.68

3. 有一种高脚酒杯如图 3.69 所示. 杯内底面为一凸起的球面, 球心在顶点 O 下方玻璃中的 C 点, 球面的半径 $R = 1.50$ cm, O 到杯口平面的距离为 8.0 cm. 在杯脚底中心处 P 点紧贴一张画片, P 点距 O 点 6.3 cm. 这种酒杯未斟酒时, 若在杯口处向杯底方向观看, 看不出画片上的景物; 但如果斟了酒, 再在杯口处向杯底方向观看, 将看到画片上的景物. 已知玻璃的折射率 $n_1 = 1.56$, 酒的折射率 $n_2 = 1.34$. 试通过分析计算与论证解释这一现象.

图 3.69

4. 用一半径为 20.0 cm 的球面玻璃片扣在一个平面玻璃片上组成一个空气薄透镜, 将其浸入水中. 设玻璃片的厚度可以略去, 水和空气的折射率分别为 $\frac{4}{3}$ 和 1.0, 求此透镜的焦距. 此透镜是会聚的还是发散的?

5. 物体与白屏间的距离为 l, 在中间放一薄凸透镜, 如果有两个位置可使物体在白屏上成清晰的像, 这两个位置相距为 d, 试证明:

(1) 两次像的大小之比为 $\left(\dfrac{l-d}{l+d}\right)^2$;

(2) 透镜的焦距为 $f = \dfrac{l^2 - d^2}{4l}$.

6. 薄凸透镜放在空气中时, 两侧焦点与透镜中心的距离相等. 如果此薄透镜两侧的介质不同, 其折射率分别为 n_1 和 n_2, 则透镜两侧各有一个焦点 (设为 F_1 和 F_2), 但 F_1、F_2 和透镜中心的距离不相等, 其值分别为 f_1 和 f_2. 现有一个薄凸透镜 L, 已知此凸透镜对平行光束起会聚作用, 在其左右两侧介质的折射率及焦点的位置如图 3.70 所示.

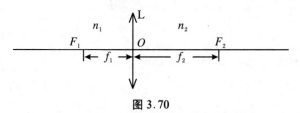

图 3.70

(1) 试求出此时物距 u, 像距 v, 焦距 f_1、f_2 四者之间的关系式.

(2) 若有一傍轴光线射向透镜中心, 已知它与透镜主轴的夹角为 θ_1, 则与之相应的出射线与主轴的夹角 θ_2 为多大?

(3) f_1、f_2、n_1、n_2 四者之间有何关系?

7. 如图 3.71 所示, 折射率 $n = 1.5$ 的全反射棱镜上方 6 cm 处放置一物体 AB, 棱镜直角边长为 6 cm, 棱镜右侧 10 cm 处放置一焦距 $f_1 = 10$ cm 的凸透镜, 透镜右侧 15 cm 处再放置一焦距 $f_2 = 10$ cm 的凹透镜, 求该光学系统成像的位置和像放大率.

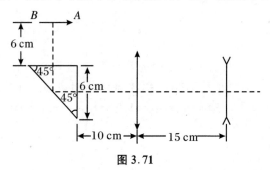

图 3.71

8. 如图 3.72 所示,三棱镜的顶角 α 为 60°,在三棱镜两侧对称位置上放置焦距均为 $f = 30.0$ cm 的两个完全相同的凸透镜 L_1 和 L_2.若在 L_1 的前焦面上距主光轴下方 $y = 14.3$ cm 处放一单色点光源 S,已知其像 S' 与 S 对该光学系统是左右对称的.试求该三棱镜的折射率.

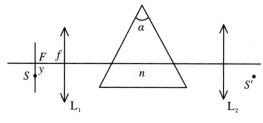

图 3.72

9. 从球面镜、平面镜、玻璃砖、棱镜、凸透镜、凹透镜中选择一个或两个填入图 3.73 所示的方框(又称黑匣子)内,使出射光线符合图中的要求,并画出相应的光路.

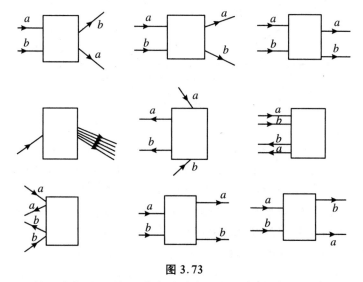

图 3.73

10. 如图 3.74 所示为杨氏双缝干涉实验的解释图.光波的波长为 λ,从 S_1、S_2 发出的子波的振幅分别为 A_1 和 A_2.两子波的初相位相同,为简单起见令其为零.试用三角学方法证明,在 P 点的合振动的振幅 A 和初相位 φ 可由下式求出:

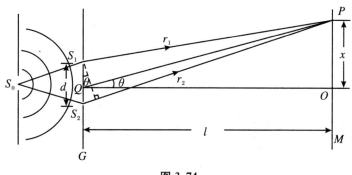

图 3.74

$$A^2 = A_1^2 + A_2^2 + 2A_1A_2\cos\left(2\pi\frac{r_2 - r_1}{\lambda}\right)$$

$$\tan\varphi = \frac{A_1\sin\dfrac{2\pi r_1}{\lambda} + A_2\sin\dfrac{2\pi r_2}{\lambda}}{A_1\cos\dfrac{2\pi r_1}{\lambda} + A_2\cos\dfrac{2\pi r_2}{\lambda}}$$

11. 如图 3.75 所示,焦距 $f = 10$ cm 的薄透镜沿其直径剖切为二,再沿切口的垂直方向将两半移开一距离 $\delta = 1.0$ mm.在透镜前方,在对称轴上与透镜相距为 $s = 20$ cm 处放一单色点光源 Q,其波长 $\lambda = 500$ nm,在透镜另一侧与透镜相距为 $L = 50$ cm 处,与对称轴垂直地放一屏幕.试求屏幕上出现的干涉条纹的数目.

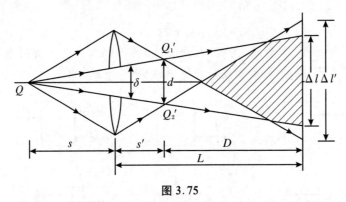

图 3.75

12. 一斜劈形透明介质劈尖,尖角为 θ,高为 h.今以尖角顶点为坐标原点建立坐标系,如图 3.76(a)所示;劈尖斜面实际上是由一系列微小台阶组成的,在图 3.76(a)中看来,每一个小台阶的前侧面与 xz 平面平行,上表面与 yz 平面平行.劈尖介质的折射率 n 随 x 而变化,$n(x) = 1 + bx$,其中常数 $b > 0$.一束波长为 λ 的单色平行光沿 x 轴正方向照射劈尖;劈尖后放置一薄凸透镜,在劈尖与薄凸透镜之间放一挡板,在挡板上刻有一系列与 z 方向平行、沿 y 方向排列的透光狭缝,如图 3.76(b)所示.入射光的波面(即与平行入射光线垂直的平面)、劈尖底面、挡板平面都与 x 轴垂直,透镜主光轴为 x 轴.要求通过各狭缝的透射光彼此在透镜焦点处得到加强而形成亮纹.已知第一条狭缝位于 $y = 0$ 处;物和像之间各光线的光程相等.

(1) 求其余各狭缝的 y 坐标;

(2) 试说明各狭缝彼此等距排列能否仍然满足上述要求.

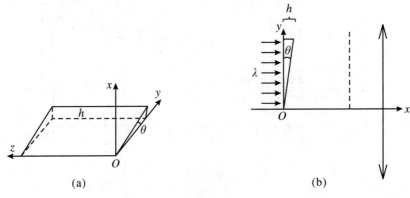

(a) (b)

图 3.76

习 题 解 答

1. (1) 图 3.77(a)中,BO 为沿半径方向入射的光线,在 O 点正好发生全反射,入射光线 3 在 C 点与球面相切,此时入射角 $i = 90°$,折射角为 r,则有

$$\sin i = n\sin r$$

$$\sin r = \frac{\sin i}{n} = \frac{\sqrt{2}}{2}$$

即

$$r = 45°$$

这表示在 C 点折射的光线将垂直 MN 射出,与 MN 相交于 E 点. MN 面上的 OE 即是出射光的宽度.

$$\overline{OE} = R\sin r = \frac{\sqrt{2}}{2}R$$

(2) 如图 3.77(b)所示,由折射定律有 $\sin 45° = \sqrt{2}\sin r$,得 $\sin r = \frac{1}{2}$,$r = 30°$,即所有折射光线与垂直线的夹角均为 $30°$.考虑在 E 点发生折射的折射光线 EA,如果此光线刚好在 A 点发生全反射,则有 $n\sin\angle EAO = \sin 90°$,而 $n = \sqrt{2}$,即有 $\angle EAO = 45°$,因 EA 与 OB 平行,所以 $\angle EAO = \angle AOB = 45°$,因此 $\varphi = 180° - 45° - 60° = 75°$,即射向 A 点左边 MA 区域的折射光($\varphi < 45°$)因在半圆柱面上的入射角均大于临界角而发生全反射,不能从半圆柱面上射出,而 A 点右边的光线($\varphi > 45°$)则由小于临界角而能射出,随着 φ 角的增大,当 $\angle FCO = 45°$时,将在 C 点再一次达到临界角而发生全反射,此时 $\angle FOC = 15°$.故知能够从半圆柱球面上出射的光束范围限制在 AC 区域上,对应的角度为 $75° < \varphi < 165°$.

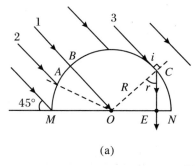
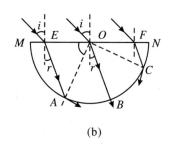

(a)　　　　　　　　　　　　(b)

图 3.77

2. 首先考虑光的路线(图 3.78(a)).对于经过一系列不同折射率的平行平板的透射光,可以应用折射定律:

$$\frac{\sin\beta_1}{\sin\beta_2} = \frac{n_2}{n_1}, \quad \frac{\sin\beta_2}{\sin\beta_3} = \frac{n_3}{n_2}, \quad \cdots$$

更简单的形式是

$$n_1\sin\beta_1 = n_2\sin\beta_2 = n_3\sin\beta_3 = \cdots$$

这个公式对任意薄层都是成立的.在本题的情形里,折射率只沿 x 轴变化,即

$$n_x \sin\beta_x = 常数$$

在本题中,垂直光束从折射率为 n_0 的点入射,即 $n_x = 0, \beta_x = 90°$ 为常数,于是在平板内任一点有

$$n_x \sin\beta_x = n_0$$

n_x 与 x 的关系已知,因此

$$\sin\beta_x = \frac{n_0}{n_x} = 1 - \frac{x}{r} = \frac{r-x}{r}$$

图 3.78(b)表明光束的路径是一个半径为 $\overline{XC} = r$ 的圆,从而有

$$\frac{\overline{OC} - x}{\overline{XC}} = \sin\beta_x$$

现在我们已知道光的路径,就有可能找到问题的解答.按折射定律,当光在 A 点射出时,有

$$n_A = \frac{\sin\alpha}{\sin(90° - \beta_A)} = \frac{\sin\alpha}{\cos\beta_A}$$

因为 $n_A \sin\beta_A = n_0$,故有

$$\sin\beta_A = \frac{n_0}{n_A}, \quad \cos\beta_A = \sqrt{1 - \left(\frac{n_0}{n_A}\right)^2}$$

于是

$$n_A = \frac{\sin\alpha}{\sqrt{1 - \left(\frac{n_0}{n_A}\right)^2}}$$

因此

$$n_A = \sqrt{n_0^2 + \sin^2\alpha}$$

在本题情形中 $n_A = 1.3$,根据

$$n_A = 1.3 = \frac{1.2}{1 - \dfrac{x}{13}}$$

得出 A 点的 x 坐标为 $x = 1$ cm.

光线的轨迹方程为

$$y^2 + (13 - x)^2 = r^2$$

代入 $x = 1$ cm,得到平板厚度为 $y = d = 5$ cm.

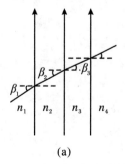

(a)

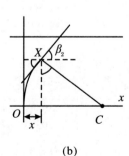

(b)

图 3.78

3. 把酒杯放平,分析成像问题.

(1) 未斟酒时,杯底凸球面的两侧介质的折射率分别为 n_1 和 $n_0=1$.在图 3.79(a)中,P 为画片中心,由 P 发出经过球心 C 的光线 PO 经过顶点不变方向进入空气中;由 P 发出的与 PO 成 α 角的另一光线 PA 在 A 处折射.设 A 处入射角为 i,折射角为 r,半径 CA 与 PO 的夹角为 θ,由折射定律和几何关系可得

$$n_1\sin i = n_0\sin r \tag{①}$$
$$\theta = i + \alpha \tag{②}$$

在 $\triangle PAC$ 中,由正弦定理,有

$$\frac{R}{\sin\alpha} = \frac{\overline{PC}}{\sin i} \tag{③}$$

考虑近轴光线成像,α、i、r 都是小角度,则有

$$r = \frac{n_1}{n_0}i \tag{④}$$
$$\alpha = \frac{R}{\overline{PC}}i \tag{⑤}$$

由②④⑤三式,n_0、n_1、R 的数值及 $\overline{PC}=\overline{PO}-\overline{CO}=4.8$ cm 可得

$$\theta = 1.31i \tag{⑥}$$
$$r = 1.56i \tag{⑦}$$

由⑥⑦两式有

$$r > \theta \tag{⑧}$$

由上式及图 3.79(a)可知,折射线将与 PO 延长线相交于 P',P' 即为 P 点的实像.画片将成实像于 P' 处.

在 $\triangle CAP'$ 中,由正弦定理有

$$\frac{R}{\sin\beta} = \frac{\overline{CP'}}{\sin r} \tag{⑨}$$

又有

$$r = \theta + \beta \tag{⑩}$$

考虑到是近轴光线,由⑨⑩两式可得

$$\overline{CP'} = \frac{r}{r-\theta}R \tag{⑪}$$

又有

$$\overline{OP'} = \overline{CP'} - R \tag{⑫}$$

由以上各式并代入数据,可得

$$\overline{OP'} = 7.9 \text{ cm} \tag{⑬}$$

由此可见,未斟酒时,画片上景物所成实像在杯口距 O 点 7.9 cm 处.已知 O 到杯口平面的距离为 8.0 cm,当人眼在杯口处向杯底方向观看时,该实像离人眼太近,所以看不出画片上的景物.

(2) 斟酒后,杯底凸球面两侧介质分别为玻璃和酒,折射率分别为 n_1 和 n_2,如图 3.79(b)所示,考虑到近轴光线有

$$r = \frac{n_1}{n_2}i \tag{⑭}$$

代入 n_1 和 n_2 的值,可得

$$r = 1.16i \qquad ⑮$$

与式⑥比较,可知

$$r < \theta \qquad ⑯$$

由上式及图 3.79(b)可知,折射线将与 OP 的延长线相交于 P',P' 即为 P 点的虚像.画片将成虚像于 P' 处.计算可得

$$\overline{CP'} = \frac{r}{\theta - r}R \qquad ⑰$$

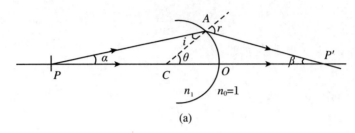

(a)

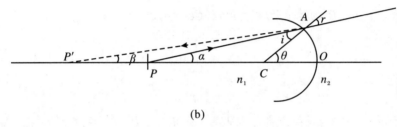

(b)

图 3.79

又有

$$\overline{OP'} = \overline{CP'} + R \qquad ⑱$$

由以上各式并代入数据得

$$\overline{OP'} = 13 \text{ cm} \qquad ⑲$$

由此可见,斟酒后画片上景物成虚像于 P' 处,距 O 点 13 cm,即距杯口 21 cm.虽然该虚像还要因酒液平表面的折射而向杯口处拉近一定距离,但仍然离杯口处足够远,所以人眼在杯口处向杯底方向观看时,可以看到画片上景物的虚像.

本题亦可以用单球面折射成像公式求解,过程更简单.

4. 薄透镜的焦距为

$$f = \frac{n'}{(n - n')\left(\dfrac{1}{r_2} - \dfrac{1}{r_1}\right)}$$

由题意可知,$n = 1$,$n' = \dfrac{4}{3}$,$r_1 = \infty$,$r_2 = 20.0$ cm(或者 $r_1 = -20.0$ cm,$r_2 = \infty$,不影响结果).由此可得透镜的焦距为 -80.0 cm,透镜是发散的.

5. (1) 由透镜成像公式有

$$\frac{1}{s} + \frac{1}{s'} = \frac{1}{f}$$

物距 s 和像距 s' 在表达式中是对称的(交换后表达式不变,对应于光路可逆),所以题述两次成像的物距分别为 s 和 s',像距分别为 s' 和 s.由题意(设 $s > s'$)有

$$s + s' = l, \quad s - s' = d$$

得

$$s = \frac{l+d}{2}, \quad s' = \frac{l-d}{2}$$

于是两次成像的横向放大率分别为

$$m_1 = -\frac{s'}{s} = -\frac{l-d}{l+d}, \quad m_2 = -\frac{s}{s'} = -\frac{l+d}{l-d}$$

两次像的大小之比为

$$\frac{m_1}{m_2} = \left(\frac{l-d}{l+d}\right)^2$$

(2) 透镜的焦距为

$$f = \frac{ss'}{s+s'} = \frac{l^2 - d^2}{4l}$$

6. 利用焦点的性质,用作图法可求得小物 PQ 的像 $P'Q'$,如图3.80所示.

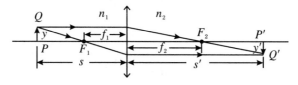

图3.80

(1) 用 y 和 y' 分别表示物和像的大小,则由图中的几何关系可得

$$\frac{y}{y'} = \frac{s - f_1}{f_1} = \frac{f_2}{s' - f_2} \tag{①}$$

$$(s - f_1)(s' - f_2) = f_1 f_2$$

简化后即得物像距公式,即 s、s'、f_1、f_2 之间的关系式:

$$\frac{f_1}{s} + \frac{f_2}{s'} = 1 \tag{②}$$

(2) 薄透镜中心附近可视为等薄平行板,入射光线经过两次折射后射出,放大后的光路如图3.81所示.图中 θ_1 为入射角,θ_2 为与之相应的出射角,γ 为平行板中的光线与法线的夹角.设透镜的折射率为 n,则由折射定律得

$$n_1 \sin\theta_1 = n \sin\gamma = n_2 \sin\theta_2 \tag{③}$$

对傍轴光线,θ_1、$\theta_2 \ll 1$,得 $\sin\theta_1 \approx \theta_1$,$\sin\theta_2 \approx \theta_2$,因而得

$$\theta_2 = \frac{n_1}{n_2}\theta_1 \tag{④}$$

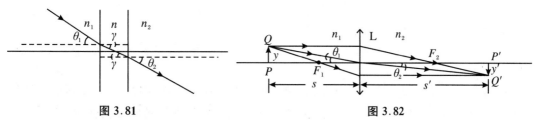

图3.81   **图3.82**

(3) 由物点 Q 射向中心 O 的入射线经 L 折射后,出射线应射向 Q',如图3.82所示.在傍轴的条件下,有

$$\frac{y}{s} = \tan\theta_1 \approx \theta_1, \quad \frac{y'}{s'} = \tan\theta_2 \approx \theta_2 \qquad ⑤$$

两式相除并利用式④,得

$$\frac{y's}{ys'} = \frac{n_1}{n_2} \qquad ⑥$$

将式①的 $\dfrac{y'}{y} = \dfrac{f_1}{s - f_1}$ 代入式⑥,得

$$\frac{f_1 s}{(s - f_1)s'} = \frac{n_1}{n_2}$$

即

$$f_1 = \frac{n_1 ss'}{n_2 s + n_1 s'} \qquad ⑦$$

将式①的 $\dfrac{y'}{y} = \dfrac{s' - f_2}{f_2}$ 代入式⑥,得

$$\frac{(s' - f_2)s}{f_2 s'} = \frac{n_1}{n_2}$$

即

$$f_2 = \frac{n_2 ss'}{n_2 s + n_1 s'} \qquad ⑧$$

从而得 f_1、f_2、n_1、n_2 之间的关系式:

$$\frac{f_2}{f_1} = \frac{n_2}{n_1} \qquad ⑨$$

7. 三棱镜反射成像,但全反射三棱镜的成像情况不同于平面镜.可根据逐次成像计算棱镜的成像.

(1) 对于三棱镜,第一次成像是通过水平面的折射,像距为 $s_1' = -ns = -9$ cm,是虚像,在水平面上方.第二次成像是反射面成像,在对称位置,即距离竖直面 $6 + 9 = 15$(cm)处.第三次成像是竖直平面折射成像,物距为 15 cm,物方为玻璃,成像在空气中,像距为 $s_3' = -\dfrac{s_3}{n} = -10$ cm,是虚像,在竖直平面的左侧.之后依次经两透镜成像.

第四次经 L_1 成像,物距为 $s_4 = 20$ cm.由 $\dfrac{1}{s_4} + \dfrac{1}{s_4'} = \dfrac{1}{f_1}$ 得 $s_4' = 20$ cm,为实像.

第五次经 L_2 成像,物距为 $s_5 = -5$ cm.由 $\dfrac{1}{s_5} + \dfrac{1}{s_5'} = \dfrac{1}{-f_2}$ 得 $s_5' = -5$ cm,为虚像.

(2) 计算横向放大率:

$$V = \left[-\frac{1 \times (-9)}{1.5 \times 6}\right](+1)\left[-\frac{1.5 \times (-10)}{1 \times 15}\right]\left(-\frac{20}{20}\right)\left(-\frac{10}{-5}\right) = -2$$

成倒立的、放大的虚像.

实际上,平面反射、折射时,都是成横向放大率为 1 的虚像,因而讨论横向放大率时,只针对透镜即可.

8. 由于光学系统是左右对称的,物、像又是左右对称的,因此光路一定是左右对称的.该光线在棱镜中的部分与光轴平行.由 S 射向 L_1 光心的光线的光路图如图 3.83 所示.由对称性可知

$$i_1 = r_2 \qquad ①$$

$$i_2 = r_1 \qquad ②$$

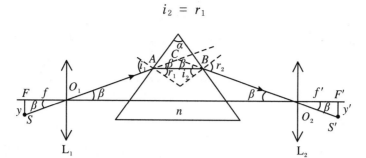

图 3.83

由几何关系得

$$r_1 + i_2 = \alpha = 60° \qquad ③$$

由图可见

$$i_1 = \beta + r_1 \qquad ④$$

又从 $\triangle FSO_1$ 的边角关系得

$$\tan\beta = \frac{y}{f} \qquad ⑤$$

代入数值得

$$\beta = \arctan\frac{14.3}{30.0} = 25.49° \qquad ⑥$$

由式②～式④与式⑥得 $r_1 = 30°$，$i_1 = 55.49°$．根据折射定律，求得

$$n = \frac{\sin i_1}{\sin r_1} = 1.65 \qquad ⑦$$

9. 与图 3.73 相应的光路图如图 3.84 所示.

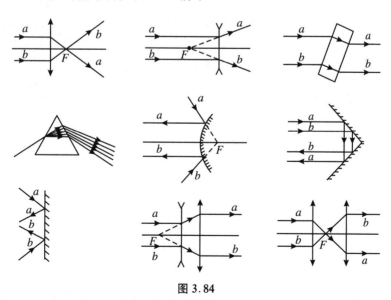

图 3.84

10. 两子波在给定点的振动分别为

$$E_1 = A_1\cos\left(\omega t - \frac{2\pi r_1}{\lambda}\right), \quad E_2 = A_2\cos\left(\omega t - \frac{2\pi r_2}{\lambda}\right)$$

于是合振动为

$$E = E_1 + E_2$$

$$= A_1\cos\omega t\cos\frac{2\pi r_1}{\lambda} + A_1\sin\omega t\sin\frac{2\pi r_1}{\lambda} + A_2\cos\omega t\cos\frac{2\pi r_2}{\lambda} + A_2\sin\omega t\sin\frac{2\pi r_2}{\lambda}$$

$$= \left(A_1\cos\frac{2\pi r_1}{\lambda} + A_2\cos\frac{2\pi r_2}{\lambda}\right)\cos\omega t + \left(A_1\sin\frac{2\pi r_1}{\lambda} + A_2\sin\frac{2\pi r_2}{\lambda}\right)\sin\omega t$$

$$= A_c\cos\omega t + A_s\sin\omega t$$

$$= A\cos(\omega t - \varphi)$$

其中

$$A^2 = A_c^2 + A_s^2 = A_1^2 + A_2^2 + 2A_1A_2\cos\left(2\pi\frac{r_2 - r_1}{\lambda}\right)$$

$$\tan\varphi = \frac{A_s}{A_c} = \frac{A_1\sin\dfrac{2\pi r_1}{\lambda} + A_2\sin\dfrac{2\pi r_2}{\lambda}}{A_1\cos\dfrac{2\pi r_1}{\lambda} + A_2\cos\dfrac{2\pi r_2}{\lambda}}$$

11. 如图 3.85 所示，点光源 Q 发出的光经透镜的上半部和下半部后分别成像于 Q_1' 和 Q_2'．这是两个相干的点光源，它们发出的两束相干光在图中画斜线的区域内重叠，在重叠区域内的屏幕上可以观察到干涉条纹．

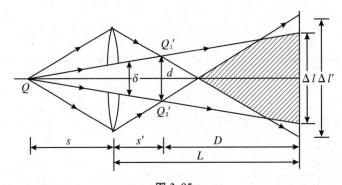

图 3.85

点光源 Q 经透镜两半后成像于 Q_1' 和 Q_2'，由薄透镜成像公式，像距为

$$s' = \frac{sf}{s - f} = 20\ \text{cm}$$

Q_1' 与 Q_2' 的间距 d 可由几何关系求出：

$$\frac{d}{\delta} = \frac{s + s'}{s}$$

即

$$d = \frac{s + s'}{s}\delta = \frac{\delta}{s}\left(s + \frac{sf}{s - f}\right) = \frac{\delta s}{s - f} = 0.2\ \text{cm}$$

Q_1' 和 Q_2' 为相干点光源，屏幕上干涉条纹的间距为

$$\Delta x = \frac{D}{d}\lambda = \frac{L - s'}{d}\lambda = \frac{L - \dfrac{sf}{s - f}}{\dfrac{s\delta}{s - f}}\lambda$$

$$= \frac{\lambda}{s\delta}\big[L(s - f) - sf\big] = 7.5 \times 10^{-3}\ \text{cm}$$

屏幕上两束光重叠的范围为

$$\Delta l = \frac{\delta}{s}(s + L) = 0.35 \text{ cm}$$

因此,屏幕上出现的干涉条纹的数目为

$$N = \frac{\Delta l}{\Delta x} = 46.7$$

即出现46条干涉条纹.

讨论:在上述计算中实际上已假设图中的 $\Delta l' > \Delta l$. 如果 $\Delta l' < \Delta l$,则屏幕上两束相干光重叠的范围将是 $\Delta l'$ 而不是 Δl,出现的条纹数目应由 $N = \frac{\Delta l'}{\Delta x}$ 得出.

$\Delta l'$ 的大小与透镜直径 $2R$ 的大小有关,其关系是

$$\Delta l' = \frac{2R + \delta - d}{s'}\left(D - \frac{d}{2R + \delta - d}s'\right) \approx \frac{2R}{s'}\left(D - \frac{ds'}{2R}\right)$$

若 $2R = 5$ cm,利用题设数据得出

$$\Delta l' \approx 12 \text{ cm}$$

因 $\Delta l' > \Delta l (\Delta l = 0.35$ cm),故上述计算适用.若 R 或 D 较小,使得 $\Delta l' < \Delta l$,则应由 $N = \frac{\Delta l'}{\Delta x}$ 计算屏幕上的干涉条纹数目.

12. (1) 考虑射到劈尖上某 y 值处的光线,计算该光线由 $x = 0$ 到 $x = h$ 之间的光程 $\delta(y)$. 将该光线在介质中的光程记为 δ_1,在空气中的光程记为 δ_2. 介质的折射率是不均匀的,光入射到介质表面时,在 $x = 0$ 处,介质的折射率 $n(0) = 1$;射到 x 处时,介质的折射率 $n(x) = 1 + bx$. 因折射率随 x 线性增加,光线从 $x = 0$ 处射到 $x = h_1$(h_1 是劈尖上坐标为 y 处的光线在劈尖中传播的距离)处的光程 δ_1 与光通过折射率等于平均折射率

$$\bar{n} = \frac{1}{2}\left[n(0) + n(h_1)\right] = \frac{1}{2}(1 + 1 + bh_1) = 1 + \frac{1}{2}bh_1 \qquad ①$$

的均匀介质的光程相同,即

$$\delta_1 = \bar{n}h_1 = h_1 + \frac{1}{2}bh_1^2 \qquad ②$$

忽略透过劈尖斜面相邻小台阶连接处的光线(事实上,可通过选择台阶的尺度和挡板上狭缝的位置来避开这些光线的影响),光线透过劈尖后其传播方向保持不变,因而有

$$\delta_2 = h - h_1 \qquad ③$$

于是

$$\delta(y) = \delta_1 + \delta_2 = h + \frac{1}{2}bh_1^2 \qquad ④$$

由几何关系有

$$h_1 = y\tan\theta \qquad ⑤$$

故

$$\delta(y) = h + \frac{b}{2}y^2\tan^2\theta \qquad ⑥$$

从介质出来的光经过狭缝后仍平行于 x 轴,狭缝的 y 值应与对应介质的 y 值相同,这些平行光线会聚在透镜焦点处.

对于 $y = 0$ 处,由上式得

$$\delta(0) = h \qquad\qquad ⑦$$

y 处与 $y=0$ 处的光线的光程差为

$$\delta(y) - \delta(0) = \frac{b}{2}y^2\tan^2\theta \qquad\qquad ⑧$$

由于物像之间各光线的光程相等,故平行光线之间的光程差在通过透镜前和会聚在透镜焦点处时保持不变,因而式⑧在透镜焦点处也成立.为使光线经透镜会聚后在焦点处彼此加强,要求两束光的光程差为波长的整数倍,即

$$\frac{b}{2}y^2\tan^2\theta = k\lambda \quad (k = 1,2,3,\cdots) \qquad\qquad ⑨$$

由此得

$$y = \sqrt{\frac{2k\lambda}{b}}\cot\theta = A\sqrt{k}, \quad A = \sqrt{\frac{2\lambda}{b}}\cot\theta \qquad\qquad ⑩$$

除了位于 $y=0$ 处的狭缝外,其余各狭缝对应的 y 坐标依次为

$$A,\sqrt{2}A,\sqrt{3}A,\sqrt{4}A,\cdots \qquad\qquad ⑪$$

(2) 各束光在焦点处彼此加强,并不要求⑪中各项都存在.将各狭缝彼此等距排列仍可能满足上述要求.事实上,若依次取 $k = m, 4m, 9m, \cdots$,其中 m 为任意正整数,则

$$y_m = \sqrt{m}A, \quad y_{4m} = 2\sqrt{m}A, \quad y_{9m} = 3\sqrt{m}A, \quad \cdots \qquad\qquad ⑫$$

这些狭缝显然彼此等间距,且相邻狭缝的间距均为 $\sqrt{m}A$,光线在焦点处依然相互加强而形成亮纹.

第4章 原子与原子核物理

原子是元素能保持其化学性质的最小单位.原子的英文名 Atom 从希腊语 ἄτομος (atomos,"不可切分的")转化而来.很早以前,古希腊和古印度的哲学家就提出了原子不可切分的概念.17世纪和18世纪时,化学家们陆续发现:对于某些物质,不能通过化学手段将其继续分解.19世纪晚期和20世纪早期,物理学家们发现了亚原子粒子以及原子的内部结构,由此证明原子并不是不能进一步切分.自1897年发现电子并确认电子是原子的组成粒子以后,物理学的中心问题就是探索原子内部的奥秘.众多科学家经过努力,逐步弄清了原子结构及其运动变化的规律并建立了描述分子、原子等微观系统运动规律的理论体系——量子力学.本章简单介绍一些关于原子和原子核的基本知识.

4.1 原子核式结构模型

4.1.1 汤姆孙发现电子

1690年,奥托·冯·格里克发明真空泵后物理学家开始在稀薄空气中做电的试验.1705年,人们发现在稀薄空气中的电弧比在一般空气中的长.1838年,迈克尔·法拉第在充满稀薄空气的玻璃管中输送电流,他发现在阴极和阳极之间有一道奇怪的光弧.后来人们还发现,不管在稀薄空气里施加多大电压,总是会产生出光.1857年,德国玻璃工海因里希·盖斯勒发明了更好的泵来抽真空,并由此发明了盖斯勒管.盖斯勒管的本意在于使得管内的气体发光,但人们同时发现管壁也会发光,而且只有在阳极的一端会发光.1876年,德国物理学家欧根·戈尔德斯坦将其命名为阴极射线.1874年,英国科学家威廉·克鲁克斯将管内气体抽出,并将电极分别置于管子的两端,做成了第一个真正意义上的阴极射线管.现在的阴极射线管基本上就

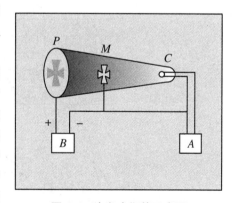

图4.1 克鲁克斯管示意图

A 是低压电源,提供加热阴极 C 的能量.B 是高压电源,为覆磷的阳极 P 提供电压.M 是蒙片,其电位与阴极相同,其图像显示在屏幕上磷不发光的部位.

是这样,因此也被称为克鲁克斯管.关于阴极射线的本质,当时有两种观点:许多德国科学家认为阴极射线是类似于紫外光的以太波,而英国科学家瓦尔利(C. F. Varley,1828~1883)

于 1871 年观察到了阴极射线在磁场中的偏转,因而相信这是一束带电粒子流.

从 1896 年开始,英国剑桥大学卡文迪许实验室的约瑟夫·汤姆孙(Joseph John Thomson,1856～1940)进行了一系列有关阴极射线的实验.1897 年,汤姆孙通过对阴极射线施加电场和磁场使之发生偏转并分析计算出了阴极射线的荷质比.他发现阴极射线的荷质比比氢原子的荷质比大 1000 倍以上,由此推断阴极射线是带电粒子流,这些带电粒子是原子的组成部分.1899 年,汤姆孙采用 1891 年乔治·斯托尼(G. T. Stoney,1826～1911)所起的名字"电子"来称呼这种粒子.至此,电子作为人类发现的第一个亚原子粒子和打开原子世界的大门被汤姆孙发现了,汤姆孙也因此获得 1906 年的诺贝尔物理学奖.从此人们认识到原子也应该具有内部结构,而不是不可分的.1906 年,汤姆孙提出原子是一个胶状球体,一个原子所含的电子数目等于该原子的原子序数,由于原子是电中性的,其中应有等量的正电荷均匀分布.这就是所谓葡萄干布丁模型,也被称为西瓜模型.这是第一个比较有影响的原子模型,在当时被普遍接受.

4.1.2 α 粒子散射实验

1909 年,卢瑟福(Ernest Rutherford,1871～1937)在担任曼彻斯特大学 Langwothy 物理学教授时和他的助手盖革(Hans Wilhelm Geiger,1882～1945)以及他的学生马斯登做了著名的 α 粒子散射实验.在卢瑟福的指导下,盖革和马斯登以 α 粒子轰击铅、金、铂、锡、银、铜、铁、铝等金属箔,结果发现绝大多数 α 粒子穿过金属箔后仍沿原来的方向前进,但也有少数发生偏转,并且有极少数被反射,即散射角超过了 90°.当采用 20 层以上金箔做实验时,发现约有 $\frac{1}{8000}$ 的 α 粒子的散射角大于 90°.

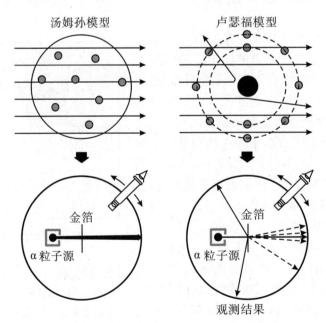

图 4.2

左图:从均匀原子核模型预测的 α 粒子散射情况,α 粒子运动方向只会发生微小偏转.右图:卢瑟福实际观测到的情况,小部分 α 粒子运动方向会发生大幅度偏转,因为原子核的正电荷都集中在小范围区域.

根据 α 粒子散射实验的结果,卢瑟福从理论上推断,汤姆孙模型不成立.1911 年,卢瑟福为解释上述实验结果而提出了原子的核式结构模型:在原子的中心有一个很小的核,叫原子核,原子的全部正电荷和几乎全部质量都集中在原子核里,带负电的电子在核外的空间里绕核旋转.原子的这个模型也被称做行星模型.卢瑟福对原子核式结构模型作了严格的理论推导并建立了卢瑟福散射公式,成功地解释了 α 粒子散射实验,同时根据 α 粒子散射的实验数据估计出原子核的大小应在 10^{-14} m 以下.

通过实验建立起来的原子核式结构模型与经典电磁理论产生了矛盾.电子绕核运动会产生频率与轨道旋转频率相同的电磁辐射,运动不停,辐射不止,原子能量单调减少,电子的轨道半径缩短,旋转频率加快.由此可得两点结论:

① 电子最终将落入核内,这表明原子是一个不稳定的系统;

② 电子落入核内之前不断辐射出频率连续变化的电磁波.

原子是一个不稳定的系统显然与事实不符,实验所得原子光谱又为波长不连续分布的离散光谱.如此尖锐的矛盾,揭示着原子的运动不服从经典物理理论所表述的规律.

4.2 氢原子光谱与玻尔理论

4.2.1 巴耳末公式

1885 年,瑞士物理学家巴耳末首先发现氢原子光谱中可见光区的四条谱线(见表 4.1)的波长可用一经验公式表示:

$$\lambda = B \frac{n^2}{n^2 - 2^2} \quad (n = 1,2,3,\cdots)$$

式中 λ 为波长,$B = 3.6456 \times 10^{-7}$ m 为巴耳末常数.巴耳末公式不仅与已知的四条谱线相符,同时也预测了当时未知的几条谱线(见表 4.1),此一系列谱线被称为巴耳末系.

表 4.1

波长(nm)	656.3	486.1	434.1	410.2	397.0	388.9	383.5	364.6
颜色	红色	蓝绿色	紫色	紫	紫	紫	(紫外线)	(紫外线)

4.2.2 里德伯公式

1889 年,瑞典物理学家里德伯(Janne Rydberg,1854~1919)发现氢原子光谱的所有谱线波长可用一个普通的经验公式表示出来:

$$\frac{1}{\lambda} = R \left(\frac{1}{m^2} - \frac{1}{n^2} \right) \quad (n = m + 1, m + 2, m + 3, \cdots)$$

上式称为里德伯公式,是比巴耳末公式更普遍的表示氢原子谱线的公式.巴耳末公式是里德伯公式在 $m = 2$ 的条件下的特例.里德伯公式中,对于每一个 m 都有 $n = m + 1, m + 2,$

$m+3,\cdots$,每种 m 和 n 的组合都代表一条谱线.例如,$m=2$、$n=3$ 是波长为 656.3 nm 的 H_α 线,$m=2$、$n=4$ 是波长为 486.1 nm 的 H_β 线.每一组 m 相同、n 不同的无穷条谱线都构成一个线系.每个线系的第一条谱线波长最长,是 $n=m+1$ 向 m 的状态跃迁产生的谱线.随着 n 不断增大,谱线的波长越来越短,谱线之间的波长间隔越来越小,当 $n\rightarrow\infty$时,线系终止于 $\dfrac{1}{\lambda}=\dfrac{R}{m^2}$,这称为线系限.下面列举 m 从 1 到 6 分别对应的线系:

莱曼系:$m=1$,$n=2,3,4,\cdots$,线系限 91 nm,位于紫外波段,是在 1906 年由美国物理学家莱曼发现的.

巴耳末系:$m=2$,$n=3,4,5,\cdots$,线系限 365 nm,位于可见光波段,1885 年瑞士数学教师巴耳末首先将这组线系的波长表述成巴耳末公式,因此称为巴耳末系.其中最重要的是 H_α 线(波长 656.3 nm),是由瑞典物理学家安德斯·埃格斯特朗于 1853 年首先观测到的.

帕邢系:$m=3$,$n=4,5,6,\cdots$,线系限 821 nm,位于红外波段,是在 1908 年由德国物理学家帕邢发现的.

布拉开线系:$m=4$,$n=5,6,7,\cdots$,线系限 1459 nm,位于红外波段,是在 1922 年由美国物理学家布拉开发现的.

普丰德系:$m=5$,$n=6,7,8,\cdots$,线系限 2280 nm,位于红外波段,是在 1924 年由美国物理学家普丰德发现的.

汉弗莱系:$m=6$,$n=7,8,9,\cdots$,线系限 3283 nm,位于红外波段,是在 1953 年由美国物理学家汉弗莱发现的.

4.2.3 玻尔提出三条假设

卢瑟福的原子核式结构模型能成功地解释 α 粒子散射实验,但无法解释原子的稳定性和原子光谱是明线光谱等问题.为此,丹麦物理学家玻尔(Niels Bohr,1885～1962)在 1913 年提出了开创性的三条假设:

(1) 定态假设:原子只能处于一系列不连续的能量的状态中,在这些状态中原子是稳定的,电子虽然绕原子核做圆周运动,但并不向外辐射能量,这些状态叫定态.

(2) 跃迁假设:电子从一个定态轨道跃迁到另一个定态轨道上时,会辐射或吸收一定频率的光子,能量由这两种定态的能量差来决定,即

$$h\nu = |E_{末} - E_{初}|$$

(3) 角动量量子化假设:电子绕核运动,其轨道半径不是任意的,只有电子的轨道角动量(轨道半径 r 和电子动量 mv 的乘积)满足下列条件时的轨道才是可能的:

$$r_n m v_n = n\frac{h}{2\pi} \quad (n=1,2,3,\cdots)$$

式中的 n 是正整数,称为量子数.

4.2.4 玻尔的氢原子理论

1. 氢原子核外电子轨道的半径
设电子处于第 n 条轨道,轨道半径为 r,根据玻尔理论的角动量量子化假设得

$$r_n m v_n = n\frac{h}{2\pi} \quad (n = 1,2,3,\cdots) \tag{4.1}$$

电子绕原子核做圆周运动时,由电子和原子核之间的库仑力来提供向心力,所以有

$$\frac{1}{4\pi\varepsilon_0}\cdot\frac{e^2}{r_n^2} = m\frac{v_n^2}{r_n} \tag{4.2}$$

由式(4.1)、式(4.2)可得

$$r_n = \frac{\varepsilon_0 h^2 n^2}{\pi m e^2} \quad (n = 1,2,3,\cdots)$$

当 $n = 1$ 时,第 1 条轨道的半径为

$$r_1 = \frac{\varepsilon_0 h^2}{\pi m e^2} = 0.53\times10^{-10}\text{ m}$$

所有可能的轨道半径为

$$r_n = n^2 r_1 \quad (n = 1,2,3,\cdots)$$

2. 氢原子的能级

当电子在第 n 条轨道上运动时,原子系统的总能量 E 称为第 n 条轨道的能级,其数值等于电子绕核转动时的动能和电子与原子核的电势能的代数和:

$$E_n = \frac{1}{2}mv_n^2 - \frac{e^2}{4\pi\varepsilon_0 r_n} \tag{4.3}$$

由式(4.2)得

$$\frac{1}{2}mv_n^2 = \frac{e^2}{8\pi\varepsilon_0 r_n} \tag{4.4}$$

将式(4.4)代入式(4.3)得

$$E_n = -\frac{me^4}{8\varepsilon_0^2 h^2 n^2}$$

这就是氢原子的能级公式.

当 $n = 1$ 时,第 1 条轨道的能级为

$$E_1 = -\frac{me^4}{8\varepsilon_0^2 h^2} = -13.6\text{ eV}$$

所有可能轨道的能级为

$$E_n = \frac{E_1}{n^2} \quad (n = 1,2,3,\cdots)$$

由轨道的半径和能级表达式可以看出,量子数 n 越大,轨道的半径越大,能级越高.$n = 1$ 时能级最低,这时原子所处的状态称为基态;$n = 2,3,4,\cdots$ 时原子所处的状态称为激发态.

3. 玻尔理论对氢光谱的解释

由玻尔理论可知,氢原子中的电子从较高能级(设其量子数为 n)向较低能级(设其量子数为 m)跃迁时,它向外辐射的光子能量为

$$h\nu = E_n - E_m = -\frac{me^4}{8\varepsilon_0^2 h^2}\left(\frac{1}{n^2} - \frac{1}{m^2}\right)$$

辐射的光子频率为

$$\nu = -\frac{me^4}{8\varepsilon_0^2 h^3}\left(\frac{1}{n^2} - \frac{1}{m^2}\right)$$

可将上式改写为

$$\frac{\nu}{c} = \frac{me^4}{8\varepsilon_0^2 h^3 c}\left(\frac{1}{m^2} - \frac{1}{n^2}\right) = \frac{1}{\lambda}$$

将上式和里德伯公式作比较得

$$R = \frac{me^4}{8\varepsilon_0^2 h^3 c} = 1.097373 \times 10^7 \text{ m}^{-1}$$

这个数据和实验所得的数据 1.0967758×10^7 m^{-1} 很接近，但仍有差异，差别约为 5.4×10^{-4}，而当时光谱的实验测量精度可达 10^{-4}，因此英国光谱学家阿尔弗雷德·福勒对此提出质疑。1914 年，玻尔提出，这是原模型假设原子核静止不动而引起的，而实际情况是原子核与电子绕共同的质心转动。玻尔对其理论进行了修正，用原子核与电子的折合质量 $\mu = \frac{m_e M}{m_e + M}$ 代替了电子质量，式中 m_e 是电子的质量，M 是原子核的质量。这样 R 的理论值与实验值的差别约为 8×10^{-5}，在当时的测量误差内，有力地说明了玻尔理论的正确性。并且，不同原子的里德伯常数 R_A 也不同，$R_A = \dfrac{R}{1 + \dfrac{m_e}{M}}$，这直接促成了重氢（氘）的发现。

4. 玻尔理论对类氢光谱的解释

类氢离子是指原子核外只有一个电子的离子，且原子核的电荷数 $Z > 1$。例如，氦原子有两个电子，当它失去了一个电子，即一次电离后成为只剩下一个电子的氦离子 He$^+$。He$^+$ 和二次电离的锂离子 Li^{++} 等都具有类似氢原子的结构。

1897 年，美国天文学家皮克林（William Henry Pickering，1858～1938）在星体的光谱中发现了一个很像氢原子巴耳末系的光谱线系，称为皮克林线系。皮克林线系每隔一条谱线就与巴耳末线系的谱线几乎重合，两者的波长只有很小的差别，在相邻的两条巴耳末线之间又另有一条皮克林线。里德伯指出皮克林线系的波数可用下式表示：

$$\frac{1}{\lambda} = R\left(\frac{1}{2^2} - \frac{1}{k^2}\right) \quad (k = 2.5, 3, 3.5, 4, \cdots) \tag{4.5}$$

将玻尔氢原子理论应用到类氢离子时，只要把原公式中的 e^2 改为 Ze^2 就可。因此类氢离子光谱的波数为

$$\frac{1}{\lambda} = \frac{\mu Z^2 e^4}{8\varepsilon_0^2 h^3 c}\left(\frac{1}{m^2} - \frac{1}{n^2}\right) = Z^2 R_{He}\left(\frac{1}{m^2} - \frac{1}{n^2}\right)$$

$$= R_{He}\left[\frac{1}{(m/Z)^2} - \frac{1}{(n/Z)^2}\right] \quad (n > m) \tag{4.6}$$

氦离子的 $Z = 2$，若 $m = 4$，则上式可写成

$$\frac{1}{\lambda} = R_{He}\left[\frac{1}{2^2} - \frac{1}{(n/2)^2}\right] \quad (n = 5, 6, 7, \cdots) \tag{4.7}$$

此式和式(4.5)完全一样，所以玻尔理论可以很好地解释氦离子的皮克林系。将氦离子皮克林系的谱线和氢原子巴耳末系的谱线比较，主要有两点差别：He$^+$ 的谱线比氢的要多，出现了 k 为半整数 2.5，3.5 等的谱线；实验观测到的 k 为整数的谱线的波数，两者是略有差别的。这是由于不同原子或离子的里德伯常量值的差别，由式(4.6)、式(4.7)算得的 $R_{He} = 1.097224 \times 10^7$ m^{-1}，和实验值 $R_{He} = 1.0972227 \times 10^7$ m^{-1} 几乎完全符合。由玻尔模型还预言了后来发现的 He$^+$ 的其他谱线系：福勒系、第一和第二莱曼系等。

玻尔理论不仅能成功地解释氢原子的光谱，而且还能成功地解释类氢离子的光谱。这使得很多人都接受了玻尔理论。爱因斯坦听到这一消息时，也称玻尔理论是一个伟大的发现。

5. 玻尔理论的局限性

玻尔原子理论令人满意地解释了氢原子和类氢原子的光谱,从理论上算出了里德伯常量,但是也有一些缺陷.它在解释具有两个以上的电子、比较复杂的原子光谱时遇到了困难,理论推导出来的结果与实验事实出入很大.此外,对谱线的强度、宽度也无法解释;也不能说明原子是如何组成分子、构成液体或固体的.玻尔理论还存在逻辑上的缺陷,把微观粒子看成是遵守经典力学的质点,同时给予它们量子化的观念,其失败之处在于保留了过多的经典物理理论.到 20 世纪 20 年代,奥地利物理学家薛定谔(Schrödinger,1887~1961)等在量子观念的基础上建立了量子力学,彻底摒弃了轨道概念,取而代之以概率波和电子云等概念来描述原子的行为.

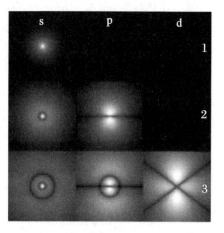

图 4.3　氢原子的电子云的概率密度
从上向下为主量子数 $n = 1, 2, 3$,从左向右为方位角量子数 $l = s, p, d$.

例 1　假定质子的半径为 10^{-15} m,试估算质子的密度.如果在宇宙间有一个星体的密度等于质子的密度,不考虑相对论,假定它表面的"第一宇宙速度"达到光速,试计算它的半径是多少.它表面上的"重力加速度"等于多少?(1 mol 气体的分子数是 6.02×10^{23} 个;光速 $c = 3.0 \times 10^8$ m/s;万有引力常量 $G = 6.67 \times 10^{-11}$ N·m²/kg².结果均保留一位有效数字.)

解　H_2 的摩尔质量为 2 g/mol,每个 H_2 分子的质量可以近似为两个质子的质量,所以质子的质量为

$$m_0 = \frac{2}{2 \times 6.02 \times 10^{23}} \text{ g} = 1.66 \times 10^{-27} \text{ kg}$$

则质子的密度为

$$\rho = \frac{m_0}{\frac{4}{3} \pi r^3} = \frac{1.66 \times 10^{-27}}{\frac{4}{3} \pi \times (10^{-15})^3} \text{ kg/m}^3 = 4 \times 10^{17} \text{ kg/m}^3$$

设该星体表面的第一宇宙速度为 v,由万有引力定律得

$$G \frac{Mm}{r^2} = m \frac{v^2}{r}$$

其中 $M = \frac{4}{3} \pi r^3 \rho$,由此得该星体的半径

$$r = \frac{v}{2 \sqrt{G\rho}} = \frac{3 \times 10^8}{2 \sqrt{6.67 \times 10^{-11} \times 3.96 \times 10^{17}}} \text{ m} = 3 \times 10^4 \text{ m}$$

表面重力加速度

$$g = \frac{GM}{r^2} = \frac{4\pi r \rho G}{3} = 3 \times 10^{12} \text{ m/s}^2$$

例 2　与氢原子相似,可以假设氦的一价正离子(He^+)与锂的二价正离子(Li^{2+})核外的那一个电子也是绕核做圆周运动.试估算:

(1) He^+、Li^{2+} 的第一轨道半径;

(2) 电离能量、第一激发态能量;

(3) 莱曼系第一条谱线波长分别与氢原子的上述物理量之比值.

解　在估算时,不考虑原子核的运动所产生的影响,原子核可视为不动,其带电量用 $+Ze$ 表示,可列出下面的方程组($n=1,2,3,\cdots$):

$$\begin{cases} \dfrac{mv_n^2}{r_n} = \dfrac{Ze^2}{4\pi\varepsilon_0 r_n^2} & \text{①} \\[2mm] E_n = \dfrac{1}{2}mv_n^2 - \dfrac{Ze^2}{4\pi\varepsilon_0 r_n} & \text{②} \\[2mm] mv_n r_n = n\cdot\dfrac{h}{2\pi} & \text{③} \\[2mm] h\nu = E_{n2} - E_{n1} & \text{④} \end{cases}$$

由此解得 r_n,E_n,并可得出 $\dfrac{1}{\lambda}$ 的表达式:

$$r_n = \frac{\varepsilon_0 h^2 n^2}{\pi me^2 Z} = r_1\frac{n^2}{Z} \qquad \text{⑤}$$

其中

$$r_1 = \frac{\varepsilon_0 h^2}{\pi me^2} = 0.53\times10^{10}\ \text{m}$$

为氢原子中电子的第1条轨道半径.对于 He^+,$Z=2$;对于 Li^{2+},$Z=3$.

$$E_n = -\frac{me^4}{8\varepsilon_0^2 h^2}\frac{Z^2}{n^2} = E_1\frac{Z^2}{n^2} \qquad \text{⑥}$$

其中 $E_1 = -\dfrac{me^4}{8\varepsilon_0^2 h^2} = -13.6\ \text{eV}$ 为氢原子的基态能量.

$$\frac{1}{\lambda} = \frac{me^4}{8\varepsilon_0^2 h^2 c}Z^2\left(\frac{1}{n_1^2}-\frac{1}{n_2^2}\right) = Z^2 R\left(\frac{1}{n_1^2}-\frac{1}{n_2^2}\right) \qquad \text{⑦}$$
$$(n_1=1,2,3,\cdots;n_2=n_1+1,n_1+2,n_1+3,\cdots)$$

其中 R 是里德伯常量.

(1) 由半径公式⑤,可得到类氢离子与氢原子的第一轨道半径之比:

$$\frac{r_{\text{He}^+}}{r_{\text{H}}} = \frac{Z_{\text{H}}}{Z_{\text{He}^+}} = \frac{1}{2},\qquad \frac{r_{\text{Li}^{2+}}}{r_{\text{H}}} = \frac{Z_{\text{H}}}{Z_{\text{Li}^{2+}}} = \frac{1}{3}$$

(2) 由能量公式⑥,可得到类氢离子与氢原子的电离能和第一激发能(即电子从第一轨道激发到第二轨道所需的能量)之比:

电离能:

$$\frac{0-E_{\text{He}^+}^1}{0-E_{\text{H}}^1} = \frac{-E_1 Z_{\text{He}^+}^2}{-E_1 Z_{\text{H}}^2} = \frac{2^2}{1^2} = 4,\qquad \frac{0-E_{\text{Li}^{2+}}^1}{0-E_{\text{H}}^1} = \frac{-E_1 Z_{\text{Li}^{2+}}^2}{-E_1 Z_{\text{H}}^2} = \frac{3^2}{1^2} = 9$$

第一激发能:

$$\frac{E_{\text{He}^+}^2 - E_{\text{He}^+}^1}{E_{\text{H}}^2 - E_{\text{H}}^1} = \frac{E_1\frac{2^2}{2^2}-E_1\frac{2^2}{1^2}}{E_1\frac{1^2}{2^2}-E_1\frac{1^2}{1^2}} = \frac{-3}{-\frac{3}{4}} = 4$$

$$\frac{E_{\text{Li}^{2+}}^2 - E_{\text{Li}^{2+}}^1}{E_{\text{H}}^2 - E_{\text{H}}^1} = \frac{E_1\frac{3^2}{2^2}-E_1\frac{3^2}{1^2}}{E_1\frac{1^2}{2^2}-E_1\frac{1^2}{1^2}} = \frac{-\frac{27}{4}}{-\frac{3}{4}} = 9$$

其中 E^2 表示电子处在第二轨道上的能量,E^1 表示电子处在第一轨道上的能量.

（3）由光谱公式⑦,氢原子莱曼系第一条谱线的波长有

$$\frac{1}{\lambda_{\mathrm{H}}} = R\left(\frac{1}{1^2} - \frac{1}{2^2}\right)$$

相应地,对类氢离子有

$$\frac{1}{\lambda_{\mathrm{He^+}}} = 2^2 R\left(\frac{1}{1^2} - \frac{1}{2^2}\right), \quad \frac{1}{\lambda_{\mathrm{Li^{2+}}}} = 3^2 R\left(\frac{1}{1^2} - \frac{1}{2^2}\right)$$

因此

$$\frac{\lambda_{\mathrm{He^+}}}{\lambda_{\mathrm{H}}} = \frac{1}{4}, \quad \frac{\lambda_{\mathrm{Li^{2+}}}}{\lambda_{\mathrm{H}}} = \frac{1}{9}$$

例 3　已知基态 $\mathrm{He^+}$ 的电离能为 $E = 54.4\ \mathrm{eV}$.

（1）为使处于基态的 $\mathrm{He^+}$ 进入激发态,入射光子所需的最小能量应为多少?

（2）$\mathrm{He^+}$ 从上述最低激发态跃迁返回基态时,如考虑到该离子的反冲,则与不考虑反冲相比,它所发射的光子波长变化的百分比有多大?（$\mathrm{He^+}$ 的能级 E_n 与 n 的关系和氢原子能级公式类似,可采用合理的近似.）

解　第(1)问应正确理解电离能概念.第(2)问中若考虑核的反冲,应用能量守恒和动量守恒,即可求出波长变化.

（1）电离能表示 $\mathrm{He^+}$ 的核外电子脱离氦核的束缚所需要的能量.而本小题中最小能量对应于核外电子由基态能级跃迁到第一激发态,所以

$$E_{\min} = E \cdot \left(1 - \frac{1}{2^2}\right) = 40.8\ \mathrm{eV}$$

（2）不考虑离子的反冲,由第一激发态跃迁回基态的光子有

$$E_{\min} = h\nu_0$$

考虑离子的反冲,设光子的频率为 ν,则由能量守恒得

$$E_{\min} = h\nu + \frac{1}{2}Mv^2$$

其中 $\frac{1}{2}Mv^2$ 为反冲离子的动能.

又由动量守恒得

$$Mv = h\frac{\nu}{c}$$

式中 Mv 是反冲离子动量的大小,而 $h\frac{\nu}{c}$ 是发射光子的动量大小,于是波长的相对变化为

$$\frac{\Delta\lambda}{\lambda_0} = \frac{\lambda - \lambda_0}{\lambda_0} = \frac{\nu_0 - \nu}{\nu} = \frac{h\nu_0 - h\nu_0}{h\nu} = \frac{Mv^2}{2M\nu c} = \frac{Mvc}{2Mc^2} = \frac{h\nu}{2Mc^2}$$

由于 $Mc^2 \gg h\nu \gg h(\nu - \nu_0)$,所以

$$\left|\frac{\Delta\lambda}{\lambda_0}\right| = \frac{h\nu_0}{2Mc^2}$$

代入数据得

$$\left|\frac{\Delta\lambda}{\lambda_0}\right| = \frac{40.8 \times 1.60 \times 10^{-19}}{2 \times 4 \times 1.67 \times 10^{-27} \times (3 \times 10^8)^2} = 5.4 \times 10^{-9}$$

即百分变化为 0.00000054%.

4.3 原子受激辐射——激光

电子的运动状态可以分为不同的能级,电子从高能级向低能级跃迁时会释放出相应能量的电磁波(所谓自发辐射).一般的发光体中,这些电子释放光子的动作是随机的,所释放出的光子也没有相同的特性,例如钨丝灯发出的光.

当外加能量以电场、光子、化学等方式注入一个能级系统并被其吸收时,会导致电子从低能级向高能级跃迁.当自发辐射产生的光子碰到这些因外加能量而跃上高能级的电子时,这些高能级的电子会因受诱导而跃迁到低能级并释放出光子(即所谓受激辐射),受激辐射的所有光学特性跟原来的自发辐射包括频率、相位、前进方向等是一样的.这些受激辐射的光子碰到其他因外加能量而跃上高能级的电子时,又会产生更多同样的光子.最后光的强度越来越大(即光线能量被放大了),而与一般的光不同的是,所有的光子都有相同的频率、相位(同调性)、前进方向.

要做到光放大,就要产生一个高能级电子比低能级电子数目多的环境,即布居数反转,这样才有机会让高能级电子碰上光子来释放新的光子,而不是随机释放.

一般激光产生器有三个基本要素:一是"激发来源"(pumping source),又称"泵浦源",把能量供给低能级的电子,使其成为高能级电子,能量供给的方式有电荷放电、光子、化学作用等;二是"增益介质"(gain medium),指被激发、释放光子的电子所在的物质,其物理特性会影响所产生激光的波长等特性;三是"共振腔"(optical cavity/optical resonator),它是两面互相平行的镜子,一面全反射,一面半反射,作用是把光线在反射镜间来回反射,目的是使被激发的光多次经过增益介质以得到足够的放大.当放大到可以穿透半反射镜时,激光便从半反射镜发射出去.因此,此半反射镜也被称为输出耦合镜(output coupler),两镜面之间的距离也对输出的激光波长有着选择作用,只有在两镜间的距离能产生共振的波长才能产生激光.

激光具有高单色性、高相干性、高亮度等特性,而且方向性好.

例1 处在激发态的氢原子向能量较低的状态跃迁时会发出一系列不同频率的光,称为氢光谱.氢光谱线的波长可以用下面的巴耳末-里德伯公式来表示:

$$\frac{1}{\lambda} = R\left(\frac{1}{m^2} - \frac{1}{n^2}\right)$$

式中 m、n 分别表示氢原子跃迁前后所处状态的量子数,$m = 1, 2, 3, \cdots$,对于每一个 m,有 $n = m+1, m+2, m+3, \cdots$,$R$ 称为里德伯常量,是一个已知量.对于 $m = 1$ 的一系列谱线,其波长处在紫外线区,称为莱曼系;对于 $m = 2$ 的一系列谱线,其波长处在可见光区,称为巴耳末系.

用氢原子发出的光照射某种金属进行光电效应实验.当用莱曼系波长最长的光照射时,遏止电压的大小为 U_1;当用巴耳末系波长最短的光照射时,遏止电压的大小为 U_2.已知电子电量的大小为 e,真空中的光速为 c.试求普朗克常量和该种金属的逸出功.

解 由巴耳末-里德伯公式 $\frac{1}{\lambda} = R\left(\frac{1}{m^2} - \frac{1}{n^2}\right)$ 可知莱曼系波长最长的光是氢原子由

$n=2$ 到 $m=1$ 跃迁时发出的,其波长的倒数为

$$\frac{1}{\lambda_{12}} = \frac{3R}{4}$$

对应的光子能量为

$$E_{12} = hc\,\frac{1}{\lambda_{12}} = \frac{3Rhc}{4}$$

式中 h 为普朗克常量.

巴耳末系波长最短的光是氢原子由 $n=\infty$ 到 $m=2$ 跃迁时发出的,其波长的倒数为

$$\frac{1}{\lambda_{2\infty}} = \frac{R}{4}$$

对应的光子能量为

$$E_{2\infty} = hc\,\frac{1}{\lambda_{2\infty}} = \frac{Rhc}{4}$$

用 A 表示该金属的逸出功,则 eU_1 和 eU_2 分别为光电子的最大初动能.由爱因斯坦光电效应方程得

$$\frac{3Rhc}{4} = eU_1 + A, \qquad \frac{Rhc}{4} = eU_2 + A$$

解得

$$A = \frac{e}{2}(U_1 - 3U_2), \qquad h = \frac{2e(U_1 - U_2)}{Rc}$$

例 2　一对正、负电子可形成一种寿命比较短的称为电子偶素的新粒子.电子偶素中的正电子与负电子都以速率 v 绕它们连线的中点做圆周运动.假定玻尔关于氢原子的理论可用于电子偶素,电子的质量 m、速率 v 和正、负电子间的距离 r 的乘积也满足量子化条件,即

$$rmv = n\,\frac{h}{2\pi} \quad (n = 1,2,3,\cdots)$$

式中 h 为普朗克常量.试求电子偶素处在各定态时的 r 和能量以及第一激发态与基态能量之差.

解　正、负电子绕它们连线的中点做半径为 $\frac{r}{2}$ 的圆周运动,电子的电荷量为 e,正、负电子间的库仑力是电子做圆周运动所需的向心力,即

$$k\frac{e^2}{r^2} = m\,\frac{v^2}{r/2} \qquad ①$$

正、负电子的动能分别为 E_{k+} 和 E_{k-},有

$$E_{k+} = E_{k-} = \frac{1}{2}mv^2 \qquad ②$$

正、负电子间相互作用的势能为

$$E_{p} = -k\frac{e^2}{r} \qquad ③$$

电子偶素的总能量为

$$E = E_{k+} + E_{k-} + E_{p} \qquad ④$$

由式①～式④得

$$E = -\frac{1}{2}k\frac{e^2}{r} \qquad ⑤$$

根据量子化条件

$$rmv = n\frac{h}{2\pi} \quad (n = 1,2,3,\cdots) \qquad ⑥$$

式⑥表明 r 与量子数 n 有关,由式①和式⑥得与量子数 n 对应的定态 r 为

$$r_n = \frac{n^2 h^2}{2\pi^2 ke^2 m} \quad (n = 1,2,3,\cdots)$$

代入式⑤,得与量子数 n 对应的定态的 E 值为

$$E_n = -\frac{\pi^2 k^2 e^4 m}{n^2 h^2} \quad (n = 1,2,3,\cdots)$$

$n=1$ 时,电子偶素的能量最小,对应于基态,此基态的能量为

$$E_1 = -\frac{\pi^2 k^2 e^4 m}{h^2}$$

$n=2$ 是第一激发态,与基态的能量差为

$$\Delta E = \frac{3}{4} \cdot \frac{\pi^2 k^2 e^4 m}{h^2}$$

4.4　原子核概况

4.4.1　原子核的构成

1. 质子的发现

1919 年,担任卡文迪许教授的卢瑟福做实验证实,氢原子核存在于其他原子核内,因此他被公认为质子的发现人.之前,卢瑟福研究出怎样利用 α 粒子与氮气的碰撞制成氢原子核,并且找到能够辨识与分离氢原子核射线的方法:恰当厚度的银箔纸能够阻挡 α 射线,只让氢原子核射线通过,当这些氢原子核撞击硫化锌时会产生闪烁信号,显示出氢原子核的位置.在磁场里,氢原子核有其特征轨道,借此可以肯定其身份.卢瑟福在做实验时注意到,当 α 射线射入空气时,闪烁器会显示出氢原子核抵达某特征位置.经过多次实验,卢瑟福发现是空气中的氮原子造成该现象,当 α 射线射入纯氮气时,产生的现象更为明显,氧气、二氧化碳、水蒸气等都不会造成这种现象.卢瑟福推断,氢原子核只能够源自氮原子,因此氮原子肯定含有氢原子核;当 α 粒子撞击氮原子时,会从氮原子里撞出一个氢原子核.这是首次被公布的核反应.卢瑟福分析,上述实验可能有两种不同的过程,即

$$^{14}_{7}\text{N} + ^{4}_{2}\text{He} \rightarrow ^{18}_{9}\text{F} \rightarrow ^{17}_{8}\text{O} + ^{1}_{1}\text{H}$$

或

$$^{14}_{7}\text{N} + ^{4}_{2}\text{He} \rightarrow ^{13}_{6}\text{C} + ^{4}_{2}\text{He} + ^{1}_{1}\text{H}$$

由于反应的产物太少,无法作有效的化学分析或光谱分析,于是当时在卢瑟福实验室工作的布莱克特(Patrick Blackett,1897~1974)将威尔逊云室进行了改进.在 1924 年,布莱克

**图 4.4　布莱克特拍摄的证实质子
反应过程的云室径迹**

特以每 15 s 1 张的速度拍摄了 23000 多张 α 粒子轰击氮的照片,记录了 415000 多条粒子的径迹,他发现其中细的是 α 粒子,粗的是较重的原子.布莱克特注意到其中有 8 条出现了分叉,如图 4.4 所示,表明一个较重的原子分成了两个粒子.这就说明 α 粒子与氮复合形成了氟,复合后的氟再发射一个氢离子(即氢原子核)而变为氧,此即上述第一式所反映的过程.布莱克特由于改进了威尔逊云室以及后来在核物理和宇宙线领域的发现,获得了

1948 年诺贝尔物理学奖.氢离子就是氢的原子核,它是 α 粒子将氮原子核击碎而释放出来的.由于氢原子核是最轻的核,所以其他原子核应当是由这样的氢原子核组成的.卢瑟福已经知道氢是最简单与质量最轻的元素.氢原子核以基础粒子的角色存在于所有其他原子核是一个重要发现,这发现促使卢瑟福为氢原子核取了一个特别名字,因为他怀疑质量最轻的氢原子只含有一个这种粒子.他命名这新发现的基础粒子为"proton",这名字来自希腊单词 "πρῶτον",意思是"第一".现在,氢的原子核称为质子(proton),以符号 $_1^1$p 表示.

2. 中子的发现

由于从原子中可以发出 β 射线,而 β 射线是由电子组成的,所以在当时人们认为原子核是由质子与电子构成的,质量数为 A 的原子核包含 A 个质子和 A − Z 个电子,这就是原子核的质子-电子模型.这样虽然可以解释原子的电中性以及原子的质量,但也面临着以下困难:第一,由于核的大小只有 fm(1 fm = 10^{-15} m)的量级,根据量子力学的不确定关系,可以算出被束缚在核内的电子的动能为 $E_{kmin} = \dfrac{h^2}{32m(\Delta x)^2}$,对这一结果做简单的估算,发现通常情况下会超过 GeV 的量级,而核中的电场不足以将能量如此高的电子束缚在原子核内,而且如果假设 β 射线就是来源于核中的电子,则其能量也应该与上述量级相当,但实验上从来没有发现能量这样高的 β 射线;第二,由于可以通过对原子的超精细结构光谱的分析而得到原子核的自旋,实验表明,只有一个质子的氢原子的核自旋量子数为 $\dfrac{1}{2}$,氘核应当是由两个质子和一个电子构成的,则核的总自旋量子数应当为 $\dfrac{1}{2}$ 或 $\dfrac{3}{2}$,而实验发现氘核的自旋量子数为 1.

1930 年,德国物理学家波特(Walther Bothe,1891~1957)和他的学生贝克(H. Becker)用钋发出的 α 粒子轰击金属铍,发现会产生一种穿透本领极强的中性射线,他们认为这是 γ 射线.1932 年,约里奥-居里夫妇(Frederic Joliot‐Curie,1900~1958;Irene Joliot‐Curie, 1897~1956)对波特发现的射线作了进一步的研究,结果发现这种射线打在石蜡上会发射出质子.对质子在标准空气中的射程进行测量,可以算出质子的能量为 5.2 MeV.他们认为这是由于上述射线与石蜡中的质子发生了散射,将质子打出,就像康普顿效应中 X 射线将电子从石墨中打出一样,由此他们推算出上述射线(即他们认为的 γ 射线)的能量为 50 MeV. 这样的能量比当时已知的所有放射源所发出的 γ 射线的能量都大得多.当在卢瑟福实验室工作的英国物理学家查德威克(James Chadwick,1891~1974)读到了居里夫妇的论文并将结果告诉卢瑟福时,卢瑟福表示根本不相信.卢瑟福一直认为原子核中存在一种质量与质子接近的中性粒子,但苦于没有实验上的证据.于是,在居里夫妇实验的基础上,1932 年,查德威克在剑桥大学进行了一系列的实验,以 α 粒子轰击硼 10 原子核,得到氮 13 原子核和一种新射线,证明伽马射线假说站不住脚.他提出这种新辐射是一种质量近似于质子的中性粒子,并设计实验证实了他的理论.这种中性粒子被称作中子.

中子可以衰变成质子,同时释放出一个电子和一个反电子中微子:

$$n^0 \rightarrow p^+ + e^- + \overline{\nu_e}$$

质子可以转变成一个中子,同时放出一个正电子和一个电子中微子:

$$p^+ \rightarrow n^0 + e^+ + \nu_e$$

质子还可以通过电子俘获转变成一个中子,同时放出一个电子中微子:

$$p^+ + e^- \rightarrow n^0 + \nu_e$$

4.4.2 原子核的大小、质量和电荷

可以用卢瑟福的 α 粒子散射实验测量原子核的大小,即让动能尽可能大的 α 粒子射向金属箔,根据测量到的散射角最大的 α 粒子来计算粒子到原子核的最近距离,以此作为原子核的大小.当然,也可以用其他高能粒子代替 α 粒子进行实验,或者利用其他方法测量原子核的大小.由于散射实验表明原子核的形状是球形的,因而可以用球半径表示原子核的大小.不同的原子核的大小不同,核半径与原子的质量数(原子量)之间的关系可以用经验公式表示为

$$R = r_0 A^{1/3}$$

式中 r_0 是一个常数.由于实验上是通过粒子散射的方式来测量原子核的半径的,所以结果只能反映核与入射粒子间的相互作用情况,因而根据相互作用的不同,核半径有两种定义.

(1) 核力作用半径:实验表明,当入射 α 粒子的动能足够高时,α 粒子的散射不符合卢瑟福散射公式,说明当 α 粒子与核的距离很近时,粒子与原子核之间的作用除了库仑斥力之外,还有很强的吸引力,这种吸引力被称做核力.实验表明,核力是一种短程作用力,有一个作用半径,在作用半径之外,核力几乎等于 0.目前测量到的核力的作用半径为 $r_0 \approx 1.4 \times 10^{-15}$ m = 1.4 fm.

(2) 电荷分布半径:根据实验的结果,可以推算出原子核内电荷分布的情况.原子核中电荷密度与到核中心的距离有关,在原子核的中央部分,电荷密度没有明显的变化;而靠近边缘部分,电荷密度逐渐降低.因此将电荷密度从 90% 下降到 10% 的区域称作原子核的边界,而电荷密度为中心处密度 50% 处到中心的距离称作原子核的半径,则电荷分布半径为

$$R = (1.1 \sim 1.2) \times A^{1/3} \text{ fm}$$

由此可以计算出原子核的质量密度为

$$\rho = \frac{M}{V} = \frac{Am_N}{\frac{4}{3}\pi R^3} = \frac{m_N}{\frac{4}{3}\pi r_0^3}$$

其中 $m_N = 1.66 \times 10^{-27}$ kg 是一个核子的平均质量,由此可以算出 $\rho = 1.4 \times 10^{17}$ kg/m^3,这一数值比地球上密度最大的物质要大 10^{13} 倍,而且可以看出,不同的原子核的密度几乎是相同的.

据最新的报道,阿贡、芝加哥、GANIL(法国)、温莎(加拿大)、洛斯阿拉莫斯等五个单位的研究团队利用能量为 1 GeV 的 ^{13}C 轰击碳靶来制造 ^{8}He 原子.他们利用 ^{4}He 、^{6}He、^{8}He 的

原子光谱中的微小差距来确定这些同位素的电荷半径,结果发现,^{8}He 的电荷半径为 1.95 fm,小于 ^{6}He 的 2.068 fm.上述实验中,^{8}He 含有 2 个质子和 6 个中子,由此算得该原子核的质量密度为 $\rho = 4.23 \times 10^{17}$ kg/m^3.

原子是电中性的,原子核中的每个质子带有一个单位的正电荷,而中子是电中性的.原子核所带的总的正电荷数与其核外电子所带的总的负电荷数相等.

经过仔细的实验测量,已经知道了原子核中各种核子的质量,其中质子的质量为

$$m_{\text{p}} = 1.67262171(29) \times 10^{-27} \text{ kg}$$

中子的质量为

$$m_{\text{n}} = 1.67492729(28) \times 10^{-27} \text{ kg}$$

除了可以用标准单位制表示微观粒子的质量之外,在原子的范围内,还常常采用原子质量单位(atomic mass unit),即规定碳的同位素中性原子(即碳 12,含有 6 个质子和 6 个中子)处于基态时的静止质量为 12 个原子质量单位(12 u),则可以算出

$$1 \text{ u} = 1.6605402(10) \times 10^{-27} \text{ kg}$$

按照这一规定,质子和中子的质量也可表示为

$$m_{\text{p}} = 1.00727646688(13) \text{ u}, \quad m_{\text{n}} = 1.0086649156(6) \text{ u}$$

每个原子核的质量应当等于其中所有质子与中子的质量之和.但实际上,由于核子之间有结合能,核的质量要小于其中所有核子的质量和.例如,一个质子与一个中子的质量之和为

$$m_{\text{p}} + m_{\text{n}} = 2.015942 \text{ u}$$

而氘核的质量为

$$m_{\text{D}} = 2.013552 \text{ u}$$

它们之间的质量相差

$$m_{\text{p}} + m_{\text{n}} - m_{\text{D}} = 0.002390 \text{ u}$$

按照爱因斯坦质能方程 $E = mc^2$,也可以将上述质量用相应的能量表示,即

$$1 \text{ u} = 931.494043 \text{ MeV}/c^2$$
$$m_{\text{p}} = 938.27203(8) \text{ MeV}/c^2$$
$$m_{\text{n}} = 939.56536(8) \text{ MeV}/c^2$$
$$m_{\text{D}} = 1875.6280(53) \text{ MeV}/c^2$$

于是氘核中质子与中子的结合能为

$$m_{\text{p}} + m_{\text{n}} - m_{\text{D}} = 2.225 \text{ MeV}$$

精确的实验已经证明,质子与中子结合成氘核时,释放出 2.225 MeV 的能量.当用能量为 2.225 MeV 的光子(γ 射线)照射氘核时,氘核会分裂为中子和质子.实际上,原子的质量也比组成该原子的所有质子、中子、电子的质量要小,而分子的质量要小于组成分子的原子的质量之和.

氢原子的质量为

$$m_{\text{H}} = 1.00794 \text{ u} = 938.890 \text{ MeV}/c^2$$

电子的质量为

$$m_{\text{e}} = 0.510998918(44) \text{ MeV}/c^2$$

在很多情况下,可以直接用能量表示质量,例如,常说电子的质量是 0.511 MeV,这时不必再特别提及质能关系中的光速因子 c^{-2}.

4.4.3　核子与核力

原子核由质子和中子组成,中子和质子被海森堡统称为核子.实验表明,核子之间的结合是很强的,原子核的密度可以达到10^{17} kg/m³,这表明核子之间存在着很强的吸引力,这就是核力.核子间的核力是强相互作用,它抵抗了质子之间的强大的电磁斥力,维持了原子核的稳定.利用各种实验方法对核力进行研究,发现其主要有以下性质:

1. 核力是短程力

在原子核之外的区域,没有发现核力的存在.例如,在 α 粒子散射实验中,当 α 粒子与核之间的距离只有 10^{-14} m 时,两者之间的作用仍然是库仑斥力,没有受到核力的影响.这说明核力只存在于几飞米的范围内.另外,对于核子数很大的重核,较稳定的核素是那些中子数多于质子数的核素,说明核力的作用范围有限,当核子间隔较大时,核力已不足以克服库仑斥力将其结合在一起,所以只有中子数较多,从而库仑斥力小得多的核素才是稳定的.这些证据足以说明核力是一种短程作用力.

2. 核力具有饱和性

另外的实验事实是,如果核力是一种与库仑力相似的长程作用力,可以作用于核内每一个核子上,则核子的结合能应正比于核子的成对数,即正比于 $A(A-1)$,也即正比于 A^2,但实验的结果却是结合能正比于 A,即正比于核的体积.这就说明核力仅仅是近邻核子之间的短程作用力,而且具有饱和性.这一点与液体分子之间的相互作用类似.液体分子,例如水分子、乙醇分子,由于具有极性而在分子之间产生氢键,这是一种范德瓦耳斯力,只能作用于近邻有限数目的分子,具有饱和性.

3. 核力是一种强相互作用力

与自然界中普遍存在的万有引力和库仑力相比,核力要大得多.质子之间距离很近,所以库仑斥力是相当大的,而核力却能将质子紧紧地束缚在一起,说明核力比库仑力大得多.可以作一个估算,核子之间由于万有引力而产生的势能只有10^{-36} MeV,质子和中子间由于自旋磁矩而产生的磁作用势能也只有 0.03 MeV,当质子间距为 2 fm 时,库仑排斥势能为0.72 MeV,而核子间的结合能约为 8 MeV,所以核力比万有引力、库仑力都大得多.

4. 核力与电荷无关

实验表明,质子与质子之间、质子与中子之间、中子与中子之间的近程相互作用是相似的,说明核力与核子所带的电荷无关.

5. 核力在极短程范围内存在斥心力

实验证明,当核子之间靠得很近时,有很大的排斥力.例如,从质子与质子的散射实验结果可以推算出两者之间的相互作用,当核子间距 0.8~2 fm 时,有相互吸引;如果间距小于0.8 fm,则相互间有排斥力;当间距大于 10 fm 时,就超出了核力的作用范围.

6. 核力有少量的非中心力成分

从实验事实推断,核力主要是有心力.除此之外,还有较微弱的非有心力,非有心力的强度与核子间的距离等因素有关,目前还不是特别清楚.

万有引力、库仑力都是通过场起作用的.以前,我们并没有仔细深入地探讨这类力的起源,而通常认为这类力是一种超距作用.但是,现在有一种观点,或者说,从量子电动力学出发,可以认为带电粒子之间的相互作用是交换"虚光子"的结果.例如,两个运动的电子,由于相互之间库仑力的作用,各自的运动状态都会发生改变.可以设想,两者之间的相互作用是这样进行的:其中一个电子发射出一个光子,因而电子由于反冲改变了原有的运动状态;发出的光子被另一个电子吸收,因而该电子的运动状也被改变.在上述过程中任一时刻,动量是守恒的,但两个电子所组成的体系是能量守恒的.因而这种光子不满足能量守恒条件,所以是虚光子.1935 年,日本物理学家汤川秀树(1907~1981)提出了核力的介子理论,他认为同带电粒子交换虚光子类似,核力也是一种交换力,即核子之间通过交换一种媒介粒子而发生相互作用.这种虚粒子的质量约为电子静止质量的 200 倍,由于它的质量介于质子和电子之间,故被称做介子.后来人们试图从实验上找到这种介子.在 1936~1937 年间,找到了 μ 子,它的质量为电子质量的 207 倍,但是后来发现它与核子的相互作用很弱,不参与强相互作用,这不可能是汤川所预言的介子.到 1947 年,人们终于找到了参与强相互作用的 π 介子,并发现 π 介子分为三种,分别记为 π^+、π^-、π^0.

4.4.4　核素和结合能

不同数量的质子和中子的组合可以构成不同的原子核,每一种原子核即核中质子和中子的组合就是一种核素,每一种核素可以用符号 $^A_Z X_N$ 表示,其中 N 为中子数,Z 为质子数,$A = N + Z$ 为核子数,即质量数,而 X 为元素的符号.核素由于构成上的不同特点被分为几类:(1) 具有相等的质子数和不同的中子数的核素称为同位素,例如 $^{12}_6 C$ 与 $^{13}_6 C$;(2) 具有相同的中子数和不同的质子数的核素称为同中子素,例如 $^{13}_6 C$ 与 $^{14}_7 N$;(3) 具有相等的质量数的核素称为同量异位素,例如 $^{17}_7 N$、$^{17}_8 O$ 与 $^{17}_9 F$;(4) 中子数与质子数互换的核素称为镜像核,例如 $^3_1 H$ 与 $^3_2 He$;(5) 质量数、中子数相同,而能级结构不同的核素称为同核异能素,例如 $^{99m}_{43} Tc$ 与 $^{99}_{43} Tc$.在各种核素中,质子数相等的核素(即同位素)的物理和化学性质几乎相同,但是却是完全不同的核,因而核性质有着很大的差别.

核子在结合成原子核时,由于有强大的核力作用,必须释放一定的能量;反之,将原子核分解成核子时要吸收同样多的能量.这个能量叫原子核的结合能.由于核子结合成原子核时放出了结合能,因此核的质量跟组成它的核子的质量比较起来就要小一些.设由 Z 个质子、N 个中子组成的原子核,其质量为 M,如果这 Z 个质子、N 个中子是自由分散的,则由自由分散到结合在一起质量相差

$$\Delta m = Z m_p + N m_n - M$$

这叫做原子核结合过程的质量亏损.由爱因斯坦的相对论的质能方程有

$$\Delta E = \Delta m c^2$$

这个方程表示物体的能量增加 ΔE,那么它的质量也相应地增加,反之亦然.式中 c 为真空中的光速.这就是原子核的结合能.原子核的结合能与核子数之比称为比结合能.不同原子核的比结合能不同,如图 4.5 所示.从图中可以看出,当核子数很小时($A < 30$),比结合能随着 A 的增大明显增大,然后进入一个缓慢增长区($50 < A < 120$),到达最大值之后,开始缓慢下降.这个区域的比结合能大约为 8 MeV/Nu,其中 Nu 是核子数.最大的数值大约为 8.5 MeV/Nu.$A > 120$ 的原子核的比结合能要小于 8 MeV/Nu.比结合能的数值越大,表示核子间的结合越紧密,即原子核的能量越低.也就是各个独立的核子结合为原子核时,所释放出的能量越大.所以如果重核分裂为两个中等质量的核,或两个轻核聚合成为一个质量较大的核.将会释放出明显的能量.例如,$^2 H$ 的比结合能为 1.11 MeV/Nu,$^{235} U$ 的比结合能约

为 7.6 MeV/Nu. 核武器以及核能的利用都是基于这样的规律.

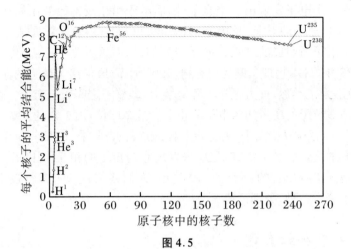

图 4.5

核子的比结合能在达到最高前有几个峰值，在铁元素处达到最大，随后缓慢下降.

4.5 原子核的变化

4.5.1 放射性核衰变

一些不稳定的原子核会自发地转变成另一种原子核，同时放出射线，通常有 α 射线、β 射线和 γ 射线. α 射线是氦原子核组成的粒子流，β 射线是高速电子流，γ 射线是波长很短的电磁波. 原子核由于放出某种粒子而转变成新核的过程称为衰变.

原子核是一个量子体系，核衰变是原子核自发产生的变化，是一个量子跃迁的过程，它服从量子力学的统计规律. 对任何一个放射性核素，它发生衰变的时刻是不可预测的，但对足够多的同一种放射性核素的集合，作为一个集体，它的衰变规律则是十分精确的. 用 N_0 表示初始时的原子核数，经时间 t 后未衰变的原子核数为 N，则有

$$N = N_0 e^{-\lambda t}$$

这就是放射性衰变服从的指数衰减规律，式中 λ 代表一个原子核在单位时间内发生衰变的概率，称为衰变常数.

放射性元素衰变有一定的速率，我们把放射性元素的原子核有半数发生衰变需要的时间叫半衰期 T，即当 $t = T$ 时，有 $N = \dfrac{N_0}{2}$，由此可得

$$T = \frac{\ln 2}{\lambda} = \frac{0.693}{\lambda}$$

或者写为

$$N = N_0 \left(\frac{1}{2}\right)^{\frac{t}{T}}$$

对某种确定的放射性元素,原子核发生衰变的时间有早也有晚,它们存在的时间不一样.理论上常用平均寿命 τ 来表示放射性元素在衰变前的平均生存时间.放射性元素的平均寿命可表示为

$$\tau = \frac{1}{\lambda} = \frac{T}{0.693} = 1.44\,T$$

原子核放出射线后自身就发生衰变,在衰变过程中,质量数、电荷数、能量、动量是守恒的.根据质量数和电荷数的守恒定律,可以判定衰变的产物;根据能量守恒定律,结合衰变前后粒子的质量,可以求出衰变过程中所放出的能量.

4.5.2　核反应

原子核的放射性衰变是一种自发的变化过程,在这一过程中,原子核放出粒子而发生变化.与自发性衰变不同的过程是,原子核受到一个高能粒子撞击时,也会发生变化,放出一个或几个粒子,这一过程就是核反应.原子核反应是一种受激变化的过程,能够激发原子核反应的粒子有中子、质子、氘核、α 粒子、γ 光子等.通常可以直接利用天然放射性物质中的 α 粒子和 γ 光子进行核反应,质子和氘核可以从粒子加速器中产生,中子既可以由天然放射性产生,也可以通过加速粒子间接产生.第一个人工核反应是由卢瑟福在 1919 年实现的.他使用 ^{130}Po 的 α 射线轰击空气中的氮原子核,这一反应过程可以表示为

$$^{14}_{7}\mathrm{N} + ^{4}_{2}\mathrm{He} \rightarrow ^{17}_{8}\mathrm{O} + ^{1}_{1}\mathrm{H}$$

另一个核反应的例子是 1932 年由科克罗夫特与沃尔顿利用加速的质子撞击锂进行的,反应过程可以表示为

$$^{7}_{3}\mathrm{Li} + ^{1}_{1}\mathrm{H} \rightarrow ^{4}_{2}\mathrm{He} + ^{4}_{2}\mathrm{He}$$

在核反应过程中,下列物理量是守恒的:电荷数、核子数、动量、角动量、总质能,等等.

4.5.3　核裂变与核聚变

1. 核裂变

重核的核子比结合能比中等质量的核的核子比结合能小,因此重核分裂成中等质量的核时,会有一部分原子核结合能释放出来,这种核反应叫裂变.如铀核裂变,当中子打击铀235 后,会形成处于激发状态的复核,复核裂变为质量差不多相等的碎片,同时放出 2～3 个

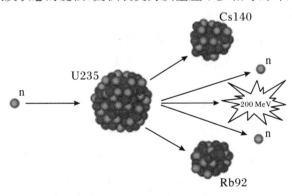

图 4.6　核裂变示意图

中子和原子核结合能:

$$^{235}_{92}U + ^{1}_{0}n \rightarrow ^{139}_{54}Xe + ^{95}_{38}Sr + 2^{1}_{0}n + 200\ \text{MeV}$$

这些中子如能再引起其他铀核裂变,就可使裂变反应不断地进行下去,这种反应叫链式反应,能释放出大量的能量.原子弹、原子反应堆等装置就是利用核裂变的原理制成的.链式反应能不断进行下去的一个重要条件是每个核裂变时产生的中子数要在一个以上.

2. 核聚变

轻的原子核变成较重的原子核时,也会释放出更多的原子核结合能,这种轻核结合成质量较大的核的核反应叫聚变.如:

$$^{2}_{1}H + ^{3}_{1}H \rightarrow ^{4}_{2}He + ^{1}_{0}n + 17.6\ \text{MeV}$$

使核发生聚变,必须使它们接近到10^{-15} m.一种办法是把核加热到很高温度,使核的热运动动能足够大,能够克服相互间的库仑斥力,在互相碰撞中接近到可以发生聚变的程度,因此这种反应又叫热核反应.氢弹是根据聚变的原理制成的.

例1 已知某放射源在 $t=0$ 时包含 10^{12} 个原子,此种原子的半衰期为 30 d.

(1)计算 $t_1 = 1$ s 时,已发生衰变的原子数;

(2)确定这种原子只剩下 10^8 个的时刻 t_2.

解 衰变系数 λ 与半衰期 T 的关系为

$$\lambda = \frac{\ln 2}{T} = \frac{0.693}{T}$$

衰变规律可表述为

$$N = N_0 e^{-\lambda t} = N_0 e^{-\frac{0.693}{T}t}$$

(1) t_1 时刻未衰变的原子数为

$$N_1 = N_0 e^{-\frac{0.693}{T}t}$$

已发生衰变的原子数为

$$\Delta N = N_0 - N = N_0(1 - e^{-\frac{0.693}{T}t}) = 10^{12} \times (1 - e^{-\frac{0.693}{30 \times 24 \times 3600}}) = 2.67 \times 10^5$$

(2) t_2 时刻未发生衰变的原子数为

$$N_2 = N_0 e^{-\frac{0.693}{T}t}$$

由此可解得

$$t_2 = \frac{T}{0.693}\ln\frac{N_0}{N_2} = \frac{30}{0.639}\ln\frac{10^{12}}{10^8} = 399\ \text{d}$$

例2 在大气和有生命的植物中,大约每 10^{12} 个碳原子中有一个 ^{14}C 原子,其半衰期为 $t=5700$ a,其余的均为稳定的 ^{12}C 原子.在考古工作中,常常通过测定古物中 ^{14}C 的含量来推算这一古物年代.如果在实验中测出:有一古木炭样品,在 m g 的碳原子中,在 Δt 时间内有 Δn 个 ^{14}C 原子发生衰变.设烧成木炭的树是在 T a 前死亡的,试列出能求出 T 的有关方程式(不要求解方程).

解 m g 碳中原有的 ^{14}C 原子数为

$$n_0 = \frac{m}{12} \times N_A \times \frac{1}{10^{12}}$$

经过 T a,现存 ^{14}C 原子数为

$$n = n_0\left(\frac{1}{2}\right)^{\frac{T}{\tau}} = \frac{mN_A}{12 \times 10^{12}}\left(\frac{1}{2}\right)^{\frac{T}{\tau}} \qquad ①$$

在 ΔT 内衰变的 ^{14}C 原子数为

$$\Delta n = n - n\left(\frac{1}{2}\right)^{\frac{\Delta T}{\tau}} = n\left[1 - \left(\frac{1}{2}\right)^{\frac{\Delta T}{\tau}}\right] \qquad ②$$

在①②两式中，m、N_A、τ、ΔT 和 Δn 均为已知的，只有 n 和 T 为未知的，联立两式便可求出 T.

例 3　当质量为 m，速度为 v_0 的微粒与静止的氢核碰撞，被氢核捕获（完全非弹性碰撞）后，速度变为 v_H；当这个质量为 m，速度为 v_0 的微粒与静止的碳核做对心完全弹性碰撞时，碰撞后碳核速度为 v_C，今测出 $\dfrac{v_0}{v_H} = \dfrac{4}{13}$，已知 $\dfrac{m_C}{m_H} = 12$，问此微粒的质量 m 与氢核的质量 m_H 之比为多少？

解　根据题意有

$$mv_0 = (m + m_H)v_H \qquad ①$$

且

$$mv_0 = mv_1 + m_C v_C \qquad ②$$

$$\frac{1}{2}mv_0^2 = \frac{1}{2}mv_1^2 + \frac{1}{2}m_C v_C^2 \qquad ③$$

由式②得

$$m(v_0 - v_1) = m_C v_C \qquad ④$$

由式③得

$$m(v_0^2 - v_1^2) = m_C v_C^2 \qquad ⑤$$

由④⑤两式得

$$v_0 + v_1 = v_C \qquad ⑥$$

联立式②得

$$2mv_0 = (m + m_C)v_C$$

$$v_C = \frac{2mv_0}{m + m_C}$$

$$\frac{v_C}{v_H} = \frac{2(m + m_H)}{m + m_C} = \frac{2\left(\dfrac{m}{m_H} + 1\right)}{\dfrac{m}{m_H} + 12} = \frac{4}{13}$$

所以 $\dfrac{m}{m_H} = 1$. 此微粒的质量等于氢核的质量.

习　　题

1. 动能为 $E_0 = 0.1\ \text{MeV}$ 的质子在 ^4_2He 核上散射，散射角（指出射方向与入射方向间的夹角）$\theta = 90°$，那么散射后质子和 α 粒子的动能各为多大？

2. 一个动能为 $E_0 = 0.1\ \text{MeV}$ 的质子与一个静止的氦 4 核发生正面碰撞，则它们间的最小距离为多大？

3. 氢原子基态电子能量为 -13.6 eV，普朗克常量 $h = 4.14 \times 10^{-15}$ eV·s.

(1) 求基态氢原子的电离能；

(2) 氢原子在发出 $\lambda_1 = 4.87 \times 10^{-7}$ m 和 $\lambda_2 = 1.03 \times 10^{-7}$ m 的光子时，氢原子分别实现哪两个能级之间的跃迁？

4. 取某放射性同位素的盐溶液 10 mL，测得它的放射性强度为 $N_1 = 2 \times 10^5$ 个/s，将 1 m³ 该盐溶液倒入某小水库．经过半个月它与库水充分均匀混合后取库水 10 mL，测得每 2 s 放射 1 个粒子．已知该放射性同位素的半衰期为 5 d，试估算水库水容积．

5. 利用云室观察 α 粒子轰击 $^{14}_7$N 核的核反应，可以确定 α 粒子轰击氮核后形成一个复核，然后复核发生衰变放出一个质子，生成一个新核．若将云室水平放置在自上而下的匀强磁场中，磁场磁感应强度 $B = 6.0 \times 10^{-1}$ T，当复核衰变时，可以看到两个圆径迹．设复核放出的质子运动方向恰跟 α 粒子入射方向相反，测得质子径迹半径 $R_1 = 6.0 \times 10^{-2}$ m，新核径迹半径 $R_2 = 3.0 \times 10^{-2}$ m．已知质子质量 1.67×10^{-27} kg，不考虑相对论效应．求：

(1) 整个变化过程的核反应方程；

(2) 入射 α 粒子的动能．

6. 静止的原子核衰变成质量分别为 m_1、m_2、m_3 的三个裂片，它们的质量亏损为 Δm，若三片中每两片之间速度方向的夹角都是 120°，求每个裂片的能量．

7. 动能各为 1 MeV 的一对正负电子相撞湮灭，产生一对相同的 γ 光子．已知电子静止质量为 9.1×10^{-31} kg，求 γ 光子波长．

习 题 解 答

1. $E_p = 0.06$ MeV，$E_\alpha = 0.04$ MeV.

2. 3.6×10^{-14} m.

3. (1) 13.6 eV；(2) 由 $n=4$ 跃迁到 $n=2$ 及由 $n=3$ 跃迁到 $n=1$.

4. 5.0×10^{-4} m³.

5. (1) $^{14}_7$N$+^4_2$He$\rightarrow^{18}_9$F$\rightarrow^{17}_8$O$+^1_1$H；(2) 2.25×10^{-14} J.

6. $\dfrac{m_2 m_3 \Delta m c^2}{m_1 m_2 + m_2 m_3 + m_3 m_1}$，$\dfrac{m_3 m_1 \Delta m c^2}{m_1 m_2 + m_2 m_3 + m_3 m_1}$，$\dfrac{m_1 m_2 \Delta m c^2}{m_1 m_2 + m_2 m_3 + m_3 m_1}$.

7. 8.21×10^{-13} m.

中国科学技术大学出版社中学物理用书

物理高考题典:压轴题(第2版)/尹雄杰　张晓顺

物理高考题典:选择题/尹雄杰　张晓顺

高中物理解题方法与技巧/尹雄杰　王文涛

高中物理必修1学习指导:概念·规律·方法/王溢然

高中物理必修2学习指导:概念·规律·方法/王溢然

中学物理数学方法讲座/王溢然

高中物理经典名题精解精析/江四喜

高中物理一点一题型/温应春

力学问题讨论/缪钟英　罗启蕙

电磁学问题讨论/缪钟英

中学生物理思维方法丛书

分析与综合/岳燕宁

守恒/王溢然　徐燕翔

猜想与假设/王溢然

图示与图像/王溢然　王亮

模型/王溢然

等效/王溢然

对称/王溢然　王明秋

分割与积累/王溢然　许洪生

归纳与演绎/岳燕宁

类比/王溢然　张耀久

求异/王溢然　徐达林　施坚

数学物理方法/王溢然

形象、抽象、直觉/王溢然